思わずだれかに話したくなる

身近にあふれる「科学」が3時間でわかる本

Contents

Lesson 4 『健康・安全管理』にあふれる科学

Lesson 5 『先端技術・乗り物』にあふれる科学

●カバーデザイン・イラスト／末吉喜美　●本文デザイン・DTP／斎藤 充（クロロス）
●編集協力／藤吉 豊（クロロス）、岸並 徹、斎藤菜穂子

読者のみなさんへ

理科（科学）って、本当はとてもおもしろいんですよ！

本書は、次のような人たちに向けて書きました。

- 理科（科学）は苦手だが、興味はある
- 身のまわりにあふれる製品のしくみを知りたい！
- 身のまわりで注意することを知りたい！

私たちの生活は科学・技術の恩恵でとても便利で快適になっている面があります。しかし、内部がどうなっているか、しくみがどうなっているかは、わからないままに、つまりブラックボックスの状態で使っている場合がほとんどでしょう。

本書の執筆メンバーはみんな、「見る・知る・遊ぶ　サイエンス」をキャッチフレーズにしている理科の雑誌『RikaTan（理科の探検）』誌の委員の有志です。
「理科（科学）は本当はおもしろい！」ことを世に示そうと雑誌の企画や編集に頑張っている人たちです。

そこで、まずテーマを55個選び出しました。それらを、「できるだけやさしく説明しよう」「これにはこんなしくみがあるのかがわかるようにしよう」というチャレンジでした。

執筆者が多数であっても、本書は「物事のしくみをやさしく説明できる１人が全部を書いた」というような統一感があるようにと、最初の原稿をみんなで検討し、大幅に書き直したものもたくさんあります。

とくに意識したのは理科（科学）が苦手という人です。

はっきり言ってしまえば、ブラックボックス化している物事のしくみを知らなくても生きていけます。スイッチのオンとオフさえできれば使える製品が多いです。それでも、「こんなことを知っていると、ためになるよ、役に立つよ、知ってよかったとなるよ」という主張を込めたつもりです。
私たちのそんな願いがいくぶんでも実現できていると思っていただければ、大変うれしく思います。

最後になりますが、理科（科学）が苦手な人の代表として、各執筆者の原稿に突っ込みを入れて改善を促したりして、労多い編集作業を遂行していただいた明日香出版社編集の田中裕也さんにお礼を申し上げます。

編著者　左巻健男

『リビング』にあふれる科学

Lesson_1 01

羽根のない扇風機はどうやって風を出しているの？

まわりの空気を巻きこみ、たくさんの空気を送る

ポリ袋の口をすぼめて息を吹きこむ

なかなかふくらんでいかない

ポリ袋の口を広げて一気に息を吹きこむ

勢いよくふくらませることができる

「羽根がない」のではなく見えないところに羽根がある

「羽根のない扇風機」ですが、正確には、羽根がないわけではありません。**「羽根が見えない扇風機」**なのです。では、どこに羽根があるのでしょうか。じつは**胴体の円柱部分の中に羽根が入っています。**

風の流れはこうです。胴体には多くの穴があいていて、空気はここから吸いこまれます。とりこまれた空気は内部のモーターと羽根の働きで、上部に送られます。送られた風は、輪の後部にある１ミリほどのすき間（スリット[※1]といいます）から吹き出されます。

この細いすき間にはなかなか気づくことができません。そのため何もない空洞から風が出ているように感じるのですね。

ところで、１ミリほどのすき間からでは、たいした風量にはならない気がします。どうやって多くの風を送っているのでしょうか。

まわりの空気を巻きこみながら風を吹き出している

このことを説明するために、実験例の話をします。大きなポリ袋を用意してみましょう。袋の入り口を手ですぼめて、息だけしか入らないようにして吹きこんでみます。大きなポリ袋をふくらませるのは大変ですね。

一方、袋の口を広げて、息を勢いよく吹き

※１：このスリットが細すぎると空気圧が内部で高まりすぎて、スムーズに空気が出てこられません。一方４～５ミリになると、空気圧が内部で弱まりすぎて勢いを失ってしまいます。適切な空気の量がすばやく出てくるよう絶妙に設計されています。

こむと、袋は一気にふくらみます。

一気に吐いた息によって、空気の流れは速くなります。このとき、気圧はまわりよりも低くなります。

すると、まわりの空気がその空気の流れに巻きこまれるのです。空気は圧力が高いほうから低いほうへ動くためです。

羽根のない扇風機でも、これと同じようなことが起きています。胴体から送られる空気だけではなく、その空気がまわりの空気を巻きこんでいます。そのうえ、よりたくさんの空気を巻きこむよう工夫がされています。

輪の断面を見てみましょう（下図参照）。飛行機の翼のような流線型になっていますね。この厚くなった後ろ側にあるスリットから、前面側に向けて風が吹き出します。

スリットから吹き出した風は、内側の傾斜に沿って流れることで速度が増していきます。その結果、風の流れ道は気圧が周囲よりもずっと低くなります。こうして、**胴体の中から吹き出された風とは別に、輪の外側からもたくさんの空気をとりこみ、風を送り出します。**

ダイソン社の製品では、胴体の穴から吸いこんだ空気のおおよそ15倍の空気が放出されるということです※2。

気圧の差を活用し、小さな動力で大きな風を送り出しているのですね。

サイエンス Column

技術を応用してラインアップを増やす

ダイソン社は、さまざまな機能を付加して、ラインアップを増やしています。空気清浄器、ファンヒーター、加湿器などです。

もっとも、本体がとりこむ空気の15倍の風量が出るということは、温められたり、きれいになる空気は吹き出す量の15分の１しかないので、風量で感じるほどの効果はないといえます。

小さな動力で大きな風を送り出すしくみ

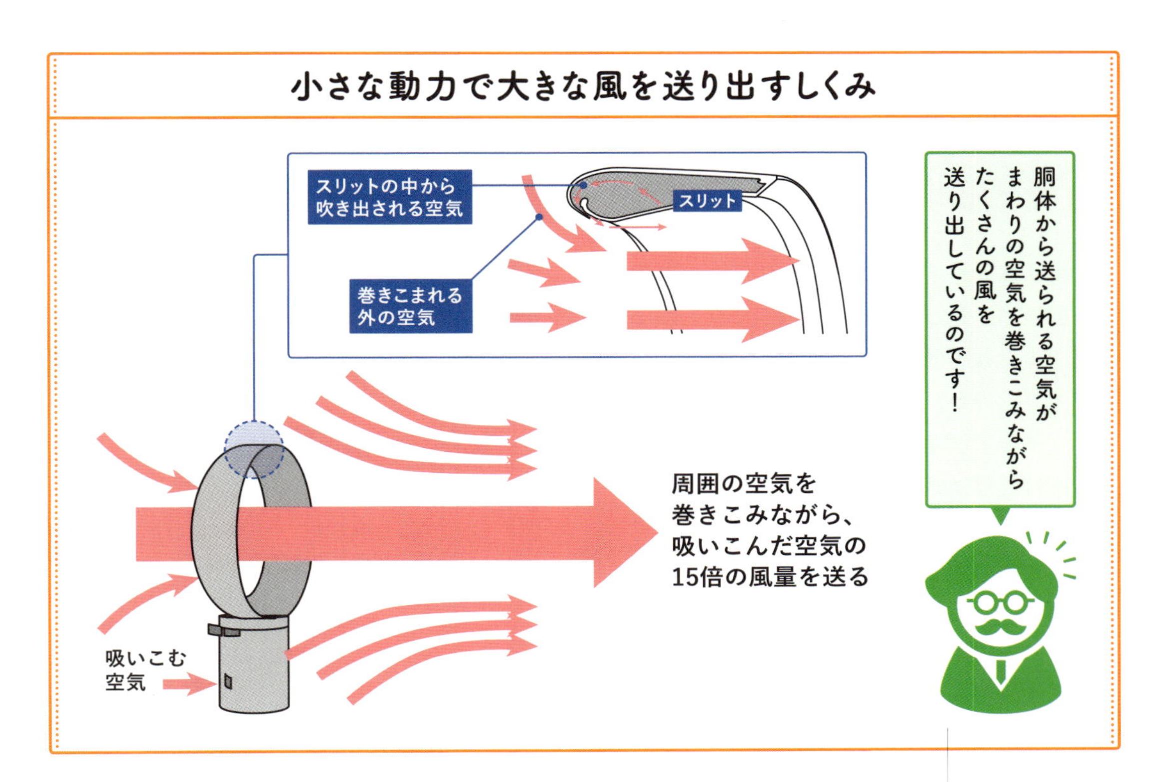

※２：風の倍数は本体の大きさによって異なります。

Lesson_1

02 エアコンはどうやって快適な空気をつくっているの？

熱は、温度が高いほうから低いほうへ移動する

エアコンのしくみを説明する前に、「熱」について学んでおきましょう[※1]。

夏の暑い日に「打ち水」をすると、数十分経つと水は蒸発し、少しひんやりとします。これは、水が蒸発する際に、接しているところの熱を奪うことで起こる現象です。この「液体が気体になるときにまわりから奪う熱」のことを**気化熱（蒸発熱）**といいます。

冷たい飲み物を入れたグラスのまわりには、水滴がつきます。これは、冷えたグラスがまわりの温かい空気から熱を奪うことで、空気中の水分が液体になったものです。このように、「気体（水蒸気）が液体になるときに放出する熱」のことを**凝縮熱**といいます。

液体状の冷媒が熱を奪い、気体の冷媒が温める

この「気化熱（蒸発熱）」と「凝縮熱」の現象を機械的に起こすのがエアコンです。

エアコンは、室内機と室外機が細い金属製のパイプでつながっていて、この中を冷媒（れいばい）という「熱の運び屋」が循環しています。

冷媒は普段は気体（ガス）ですが、冷やすと簡単に液体になる物質が使われています。

冷やされた液体状の冷媒が、**暑い部屋から「熱を奪う」ことで部屋を冷やすのが冷房**で、熱せられた気体の冷媒が、**冷えた部屋に「熱を与える」ことで部屋を温めるのが暖房**です。気体と液体を行ったり来たりすることで、熱を移動させているのです。

エアコンの室内機と室外機は、どちらも熱交換器です。熱交換機に熱い気体を通すとまわりに熱を放出し、冷たい液体を通すとまわりから熱を奪います。

２つの熱交換器は、圧縮機と膨張弁を挟んでパイプでつながっていて、**気体を圧縮する（圧力を上げる）と温度が上昇し、逆に膨張させる（圧力を下げる）と温度は下がります。**

冷房の場合、まず、気体の冷媒が圧縮機に入ると、気体は圧縮されて温度が上がり、高温の気体となって室外機に送られます。室外機では、高温の冷媒が通過する際に、冷媒の温度より低い外気に熱を奪われ、液体になります。液体となった冷媒は膨張弁で膨張してさらに冷やされ、室内の空気よりも冷たい液体になり、室内機の熱交換器を通るときに、室内の空気から熱を奪って涼しい風を送り出すのです。

これを逆の流れにすると暖房になります。

サイエンス Column

省エネ家電で活躍する「ヒートポンプ」

冷媒の状態を変えることで、温度の低いところから熱を奪い、温度の高いところに放出して循環する様子が、低いところの水を汲み上げるポンプに似ているので、「ヒートポンプ（熱のポンプ）」とよばれています。

ヒートポンプは、エアコンのほかにも、冷蔵庫やエコキュートなど、いろいろな省エネ家電に使われています。

※１：「熱」とはエネルギーのことで、エネルギー量を「熱量」ともいいます。単位は「ジュール（Ｊ）」です。「温度」は、熱さ、冷たさを数値で表したもので、単位は「度（℃：摂氏）」です。

ヒートポンプによる熱移動を利用している

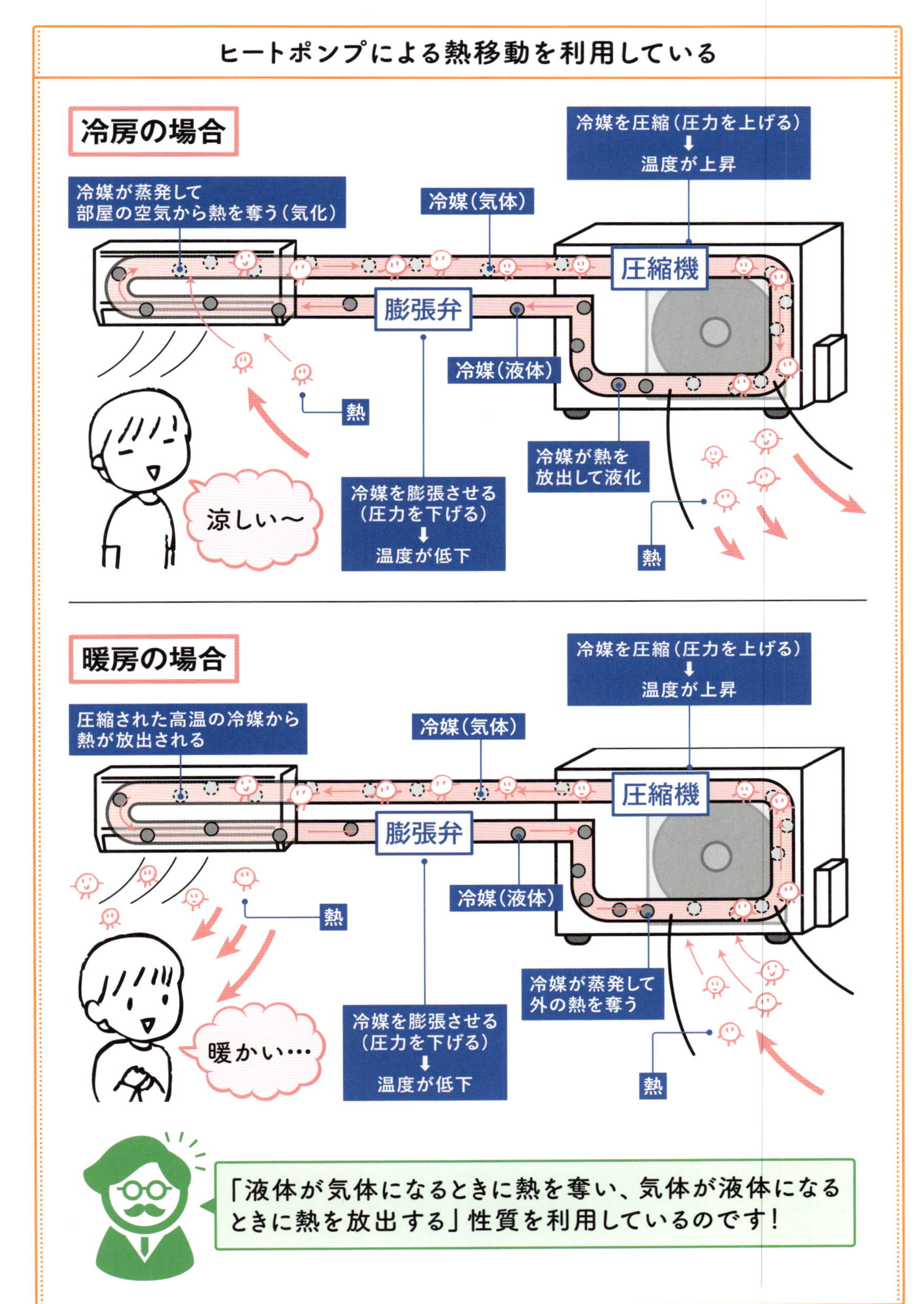

Lesson_1 03 赤外線のコタツから出ている光は赤色ではない？

コタツの光が赤いのは温かいからではない？

一般に物体は、温められるとその温度に応じた光を出します。この現象を「放射」とよびます。「光」には、目に見える可視光線と、目に見えない赤外線や紫外線などもあります。

光は電磁波の一種で、波としての性質を持っています。そのエネルギーは波の長さ、波長によって決まり、波長が長いほどエネルギーは低くなります。光の中で、**人間の目で見える可視光線は波長が約0.4マイクロメートルの紫色から、約0.8マイクロメートルの赤色までのもの**をいいます※1。

下図のように、紫から赤へと変わるにつれて、波長が長く、エネルギーは低くなります。紫外線は紫より波長が短く、赤外線は赤より波長が長いので、目で見ることができません。赤外線は「赤の外側」にあるためにこうよばれています。

赤外線は、物を温める性質があります。物体に吸収されやすく、吸収された赤外線は熱に変換され、物体を温めます※2。

コタツに使用されている「赤外線ランプヒーター」は、主に赤外線領域の光を発するために暗く、温まるのに時間がかかり、稼働しているのかわかりませんでした。そこで、ヒーターがつくと同時に赤いランプで稼働がわかるようにしたのです。**赤色はランプの色で、赤外線による光の色ではなかった**のです。

光の種類と可視光線の領域

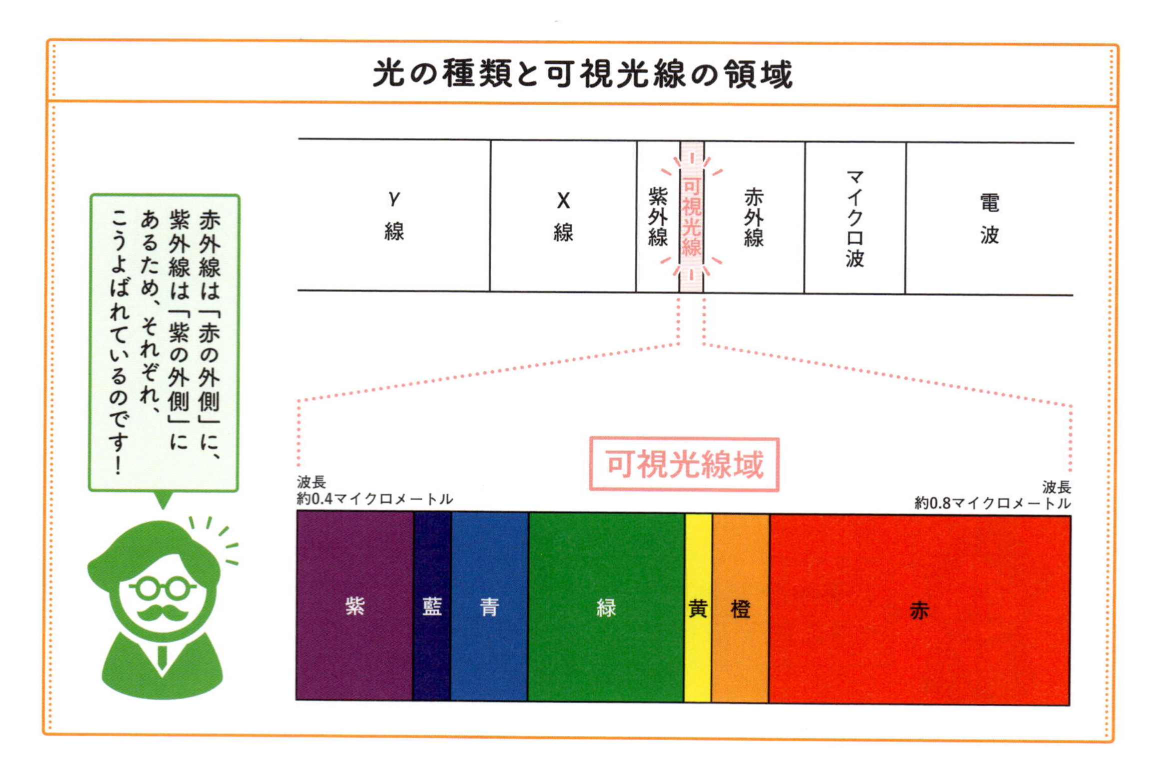

※1：「1マイクロメートル」は、1メートルの100万分の1を指します。
※2：赤外線は物を温める性質があることから「熱線」ともよばれます。

Lesson_1 04

リモコンはどうやって指示を送っているの？

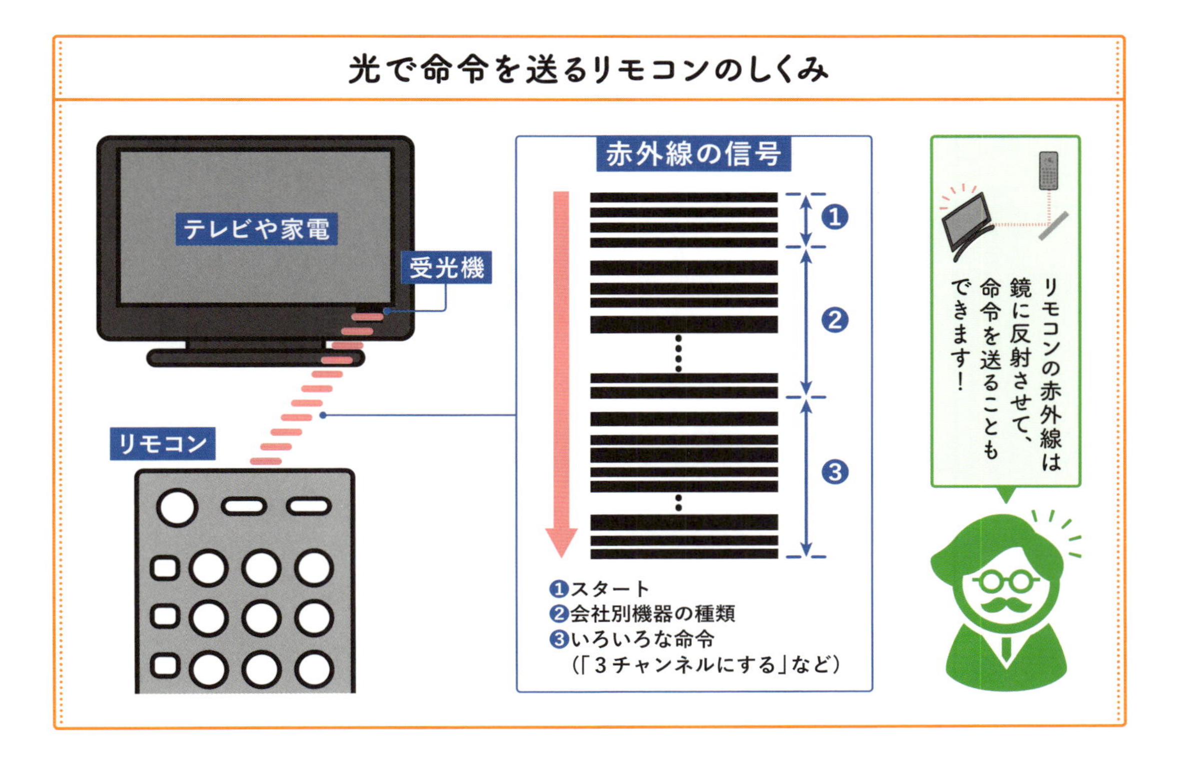

テレビのリモコンは光で命令を送っている

テレビとリモコンの間に物があったり人がいると、リモコンは動作しません。私たちの目には見えませんが、リモコンのLEDの部分からは「光」が出ているのです。

テレビが見えないところでリモコンを押しても反応しませんが、リモコンを鏡に反射させてみるとどうでしょう。鏡に向けてリモコンを押したのに、テレビはきちんと動きます。このことからも、リモコンからは光が出ていることがわかります。

リモコンの光はなぜ見えないのでしょうか。光といってもいろいろな種類があります。私たちの目に見える光を**「可視光線」**、見えない光を**「不可視光線」**といいます。

可視光線は、紫色から赤色で、紫色より波長が短い目に見えない光を「紫外線」、赤色よりも波長が長く目に見えない光を「赤外線」とよびます（10ページ参照）。

テレビのリモコンの光は赤外線です。赤外線は人には見えない光ですが、鏡で反射させることで命令を送ることもできるのです。

リモコンからの命令は「点滅の組み合わせ」で送られています。その点滅をデジタル信号に変えて、「どんな機器の」「何を」「どうする」というような命令を、セットにして送っています。モールス信号の光バージョンというイメージです※1。

※1：信号はいくつかの会社が主導して一定のルールはあるものの、JISなどの統一した規格があるわけではありません。混乱が起きていないのは、リモコンメーカーが膨大にあるわけではないためです。

コンセントの穴は なぜ左右の大きさが違うの？

電流の大きさと人体への影響

ビリっと感じる程度

5mA
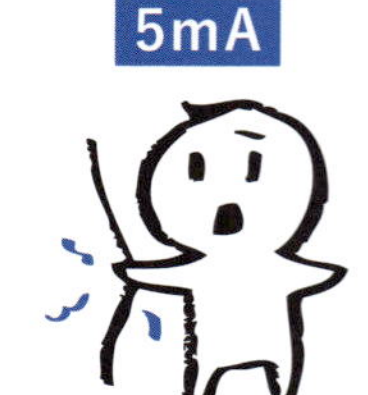
相当に痛い

10mA

耐えられないほど
ビリビリくる

筋肉の硬直が激しく、呼吸も困難。
引き続き流れると死に至る

50mA

短時間でも
生命が相当に危険

100mA

致命的な障害を起こす

人体も影響を及ぼす ろう電と感電としくみ

電気が漏れることを**ろう電**といいます。

ろう電が原因で、人が電流回路の一部になり、電流が体内を通って大地に流れていくことが**感電**です。

屋内の配線や電気器具は、ろう電しないように絶縁されていますが、コードやプラグが痛んだり、水をかぶったりすると、ろう電が起こりやすくなります。また、ろう電は、火災や感電事故の原因にもなります。

ふつう、家庭に配電されている100ボルトの電圧なら、体に流れる電流は小さく、命にかかわることはあまりありませんが、水まわりだと体がぬれていて人の電気抵抗が小さくなり、非常に電流が流れやすくなります。

もし体に100～300ミリアンペアの電流が流れると、心臓が不規則に鼓動して、数分後には死ぬといわれています。

そこで、ろう電による感電をさけるため、アース[※1]をつけ、電気を大地に逃がす必要があります。**アースをすれば、電流は人体よりも電流が流れやすいアース線を通って大地に流れるため、人は安全**というわけです。

コンセントの穴の大きさが 左右でちがうわけ

２口コンセントは、**長い穴のほうがアース**

※１：アースとは、電気機器から電気を大地に逃がす安全装置で、接地（せっち）ともいいます。

（大地に接地）してあります。その区別を長さで示しているのです。

コンセントは、２本の電線に独立につながれています。コンセントの長い穴のほうを接地側（アース側）といい、短い穴のほうを非接地側（電圧側）といいます。感電するときはこの電圧側に触ったときです。

家庭では、電圧100ボルトの電気が、２本の電線から電力量計とブレーカーを伝って届いています。

電圧は２か所の電位の差※2ですが、大地の電位は０です。

接地側に手が触れても、足が０ボルト、手も０ボルトで電流が流れないので何も感じません。

しかし、電圧側を触ると、手は100ボルト、足は０ボルトで、コンセント→人体→大地→アース→トランス→コンセントと、ぐるっとひとまわりの回路ができて、体に電流が流れます。

電圧側を直接触らなくても、電圧側がつながっている金属部分があれば、それに触ることで同様に電流が流れます。

その金属部分があらかじめ導線でアースされていれば、ほとんどの電流はそこに流れ、人が触っても電流はほぼ０なので、何も感じることはありません。

サイエンス Column

ろう電や感電を防ぐためにアースを設置しよう

ろう電や感電を防ぐため、水を使用する家電製品、湿気や水気がある場所で使う家電製品、また、使用電圧の高い器具などはアース線を取り付ける必要があります。

コンセントにアース端子があればそこにつなぐだけです。アース端子がない場合のアース設置工事は、法律により、電気工事士という資格を持った人しかできません。

穴の長さでアース側と電圧側を区別している

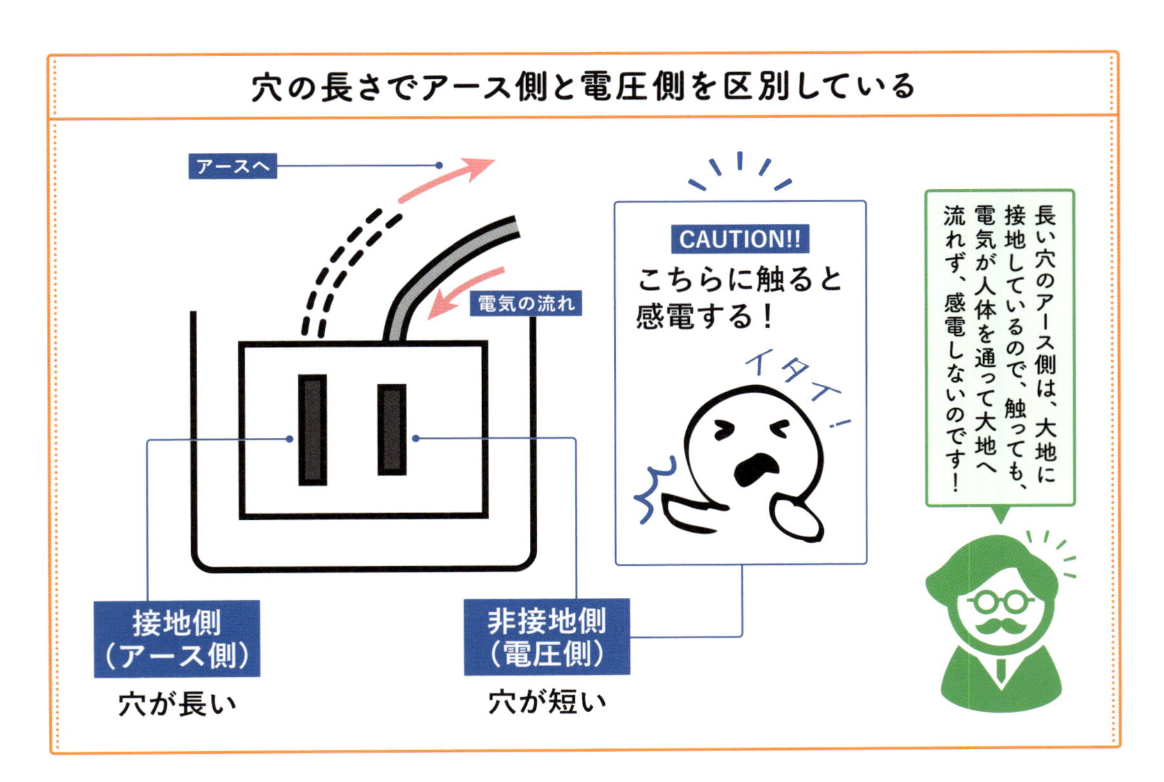

※2：電圧は電気を流そうとする力で、かけられた電圧によって流れた電気の量を電流といいます。電気はプラスからマイナスに流れますが、この差を「電位の差」といいます。この電位差（電位の高低差）がどのくらいあるかが電圧の値を決めます。

Lesson_1 06

マンガン乾電池とアルカリ乾電池は何がちがうの？

回復力のマンガン電池
強いパワーのアルカリ電池

マンガン乾電池の特長は、値段が安く、少しの電気しか使わない機器を長く動かせることです。１秒ごとに針を動かす時計や、ボタンを押されたときだけ赤外線を出すリモコンなど、少しの電気を使っては休み、使っては休み……と断続的に繰り返すような電気の使い方をする場合に長持ちをします。

その理由は、**使っていない（休んでいる）あいだの回復力が強い**からです。

アルカリ乾電池は、**強いパワーを長く維持する**ことが特長です。そのため、モーターを動かす機器や、安定した電気が欲しい電子機器に使われています。

パワフルで長持ちするため、今では、乾電池を使う機器のほとんどがアルカリ乾電池を推奨しています。マンガン乾電池は電気を使い続けるとすぐに電圧が落ちるため、アルカリ乾電池を推奨された機器に入れた場合、早々に使えなくなってしまいます※1。

アルカリ乾電池は
液漏れに注意が必要

電池を入れっぱなしにしておくと、液体が出てきて、機器をダメにしてしまうことがあります。これは液漏れという現象です。

アルカリ乾電池の中には液体が入っていま

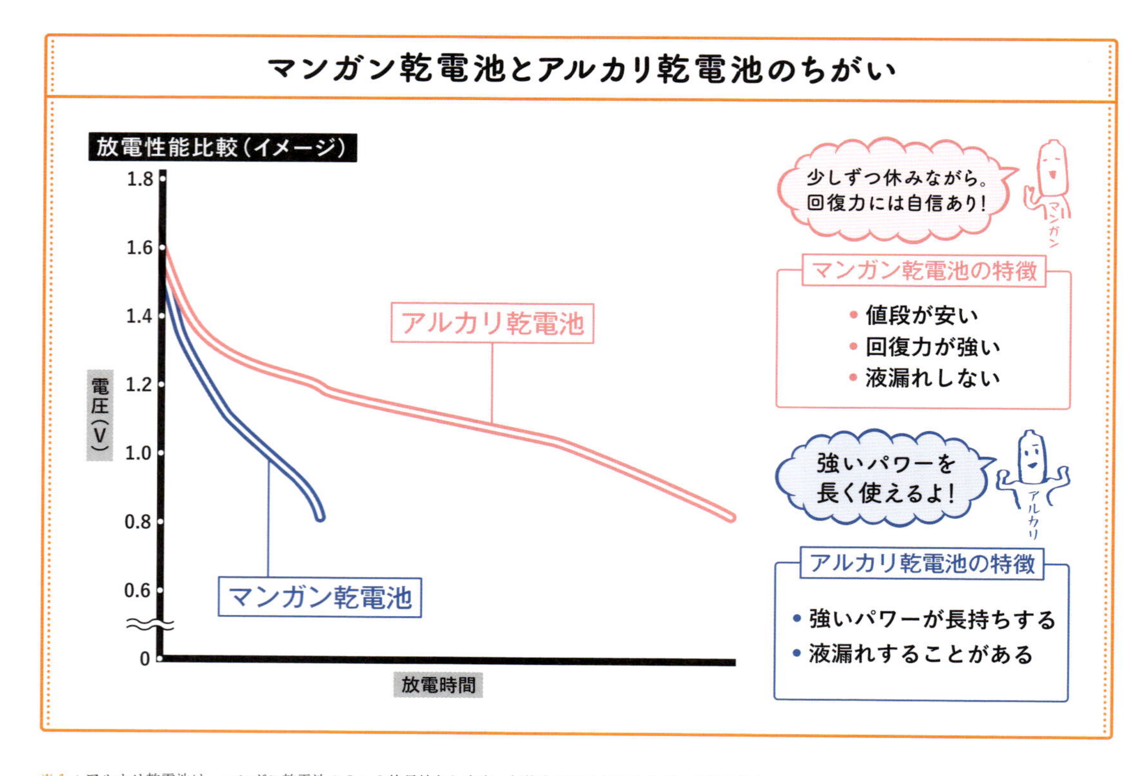

※１：アルカリ乾電池は、マンガン乾電池の２～３倍長持ちします。価格も同じくらいのちがいがあります。
※２：水酸化カリウムは乾電池のほかに、業務用のパイプ洗浄剤などに使われています。

乾電池の保存方法

電子機器に入れたままにしてはいけない

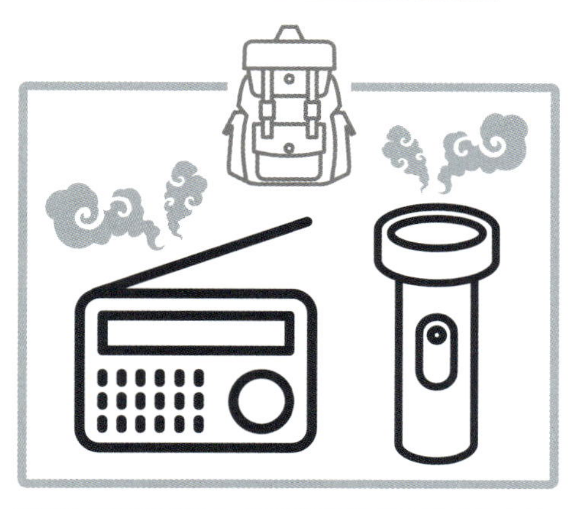

電池は使わなくても自然に減る

電子機器には入れずにパッケージのまま保存する

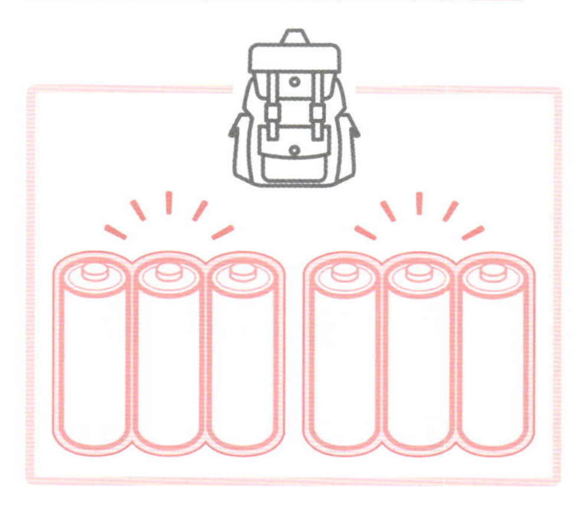

自己放電を防ぐことができる

す。これには、水酸化カリウム※2という物質が溶けていて、強いアルカリ性で、素手で触るとケガをしたり、目に入ると失明の恐れもあります。機器の端子や回路をダメにしてしまうこともあります。

電池を逆に入れたり、過放電※3してしまったとき、また、耐用年数を超えて使用を続けると、液漏れが起こりやすくなります。

マンガン乾電池は中身をペースト状にしているため、液漏れの心配はほとんどありません。ですから、**過放電による液漏れが心配な機器にはマンガン乾電池が有利**です。

リモコンや掛け時計は少ししか電気を使わないため、アルカリ乾電池を使うと数年間は電池交換をする必要がなくなり、その間に電池の耐用年数を超えてしまい、液漏れが起こってしまう場合があります。

一方、マンガン乾電池は、電池の耐用年数をむかえる前に電池切れになることが大半です。長持ちしないことが、安全のために役立つこともあるのです。

電池が切れたまま交換するのを忘れてしまった場合も過放電につながります。電池は使わなくても自己放電（自然と電気が減ること）するため、非常持ち出し袋に入れた懐中電灯やラジオには電池を入れずに、電池はパッケージのまま保存しましょう。

サイエンス Column

乾電池は燃えないゴミ？ ルールに従い分別を

乾電池は、自治体によって、分別が異なります。ルールに従って処分しましょう。

社団法人 電池工業会では、マンガン乾電池とアルカリ乾電池は「燃えないゴミ」で処分するようによびかけています。土壌汚染などの問題がないからです。

ただし、電気が流れないよう、端子にセロハンテープなどを貼ってください。

※3：過放電とは、放電終止電圧（約1ボルト）を下回った状態で放電することです。電池が切れたあとも、入れっぱなしの電池からは微量の電流が流れ続けます。このとき電池内部では水素ガスが発生します。水素ガスが一定以上になると安全弁が作動し、ガスが外に放出されます。このときに、中の電解液も一緒に放出されてしまうのです。

Lesson_1 07 人の出す熱量は電球1個分と同じ？

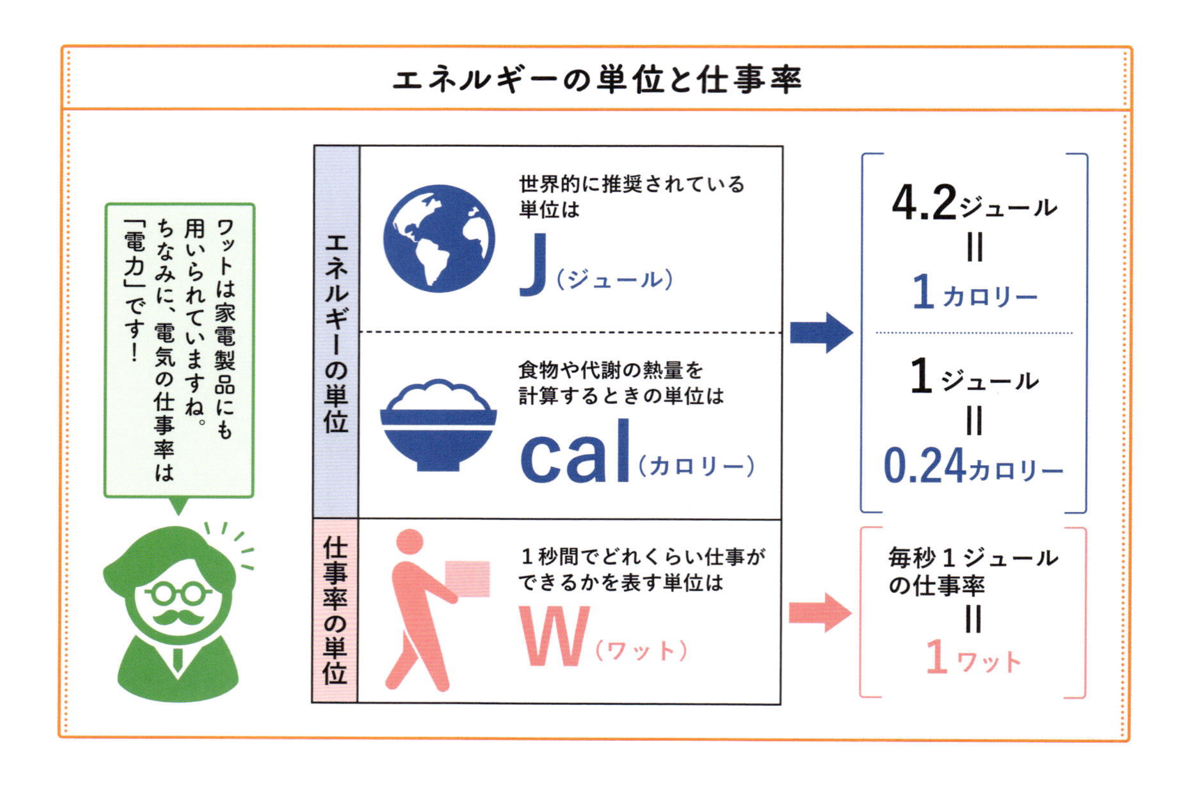

人間に必要なエネルギーは1日にどのくらい？

人間は生きるために必要なエネルギーを、食事から得ています。食べ物を口から入れ、そのエネルギーを消費し、体の外に熱を放出していると考えます。

「基礎代謝」とは、人が何もしない安静の状態で、ただ生きていくために最低限必要なエネルギーのことです。

1日の基礎代謝量は年齢や性別、体重によってちがいますが、日本の成人男性（60キログラム）の場合で約1500キロカロリー、成人女性（50キログラム）では約1200キロカロリーとされています。

日常生活を送るためには、当然、これ以上のエネルギーが必要になります。

人間が発するエネルギーは電球何個分？

ところで、窓を閉め切った部屋に多くの人が集まると、部屋は暖かくなりますね。人間を電球に例えると、何個分のエネルギーを発熱していると思いますか。「人は何ワットの電球に相当するか」考えてみましょう。

ワット（W）は、1秒間でどのくらいの仕事ができるかという仕事率の単位です。毎秒1ジュール（J）の仕事率は1ワットです。ジュール単位の仕事やエネルギーを秒で割れば、仕事率＝ワットの値が求められます。

人間の消費熱量を電力に換算すれば、人間が何ワットのエネルギーを消費しているかを計算できることになります。

成人男性の場合、１日当たり1500キロカロリーの基礎代謝量は、ジュールに換算すると6300キロジュール（630万ジュール）です。これを、１日＝86400秒で割ると、72ジュール毎秒、つまり72ワットとなります。

一般的な白熱電球が60ワットですから、電球１個分を点灯させてわずか余るぐらいのエネルギーで、生命が維持されています。

普段の生活（通勤や買い物、家事などの生活パターン）には、基礎代謝量の約1.75倍のエネルギーが必要なので、約126ワットということになります。つまり、人間は60ワットの電球２個分のエネルギーで活動しているといえそうです。

食事で得たエネルギーのすべてが、人体から発せられる熱量に変わるわけでありません。体内のさまざまな働きに約25パーセントが使われ、残りの約75パーセントが熱となって発散します[※1]。

つまり、約94ワットが熱として、体の外に放出されるということになります。**人間１人は100ワット電球に近いエネルギーを発熱しているといえる**のです。

サイエンス Column

ジュール（J）と カロリー（cal）

エネルギーの単位は、世界的には「ジュール（J）」が推奨されていますが、食物や代謝の熱量を計算するときには「カロリー（cal）」という単位も使われています。
「水１キログラムの温度を１℃上昇させるのに必要な熱量は１キロカロリー」。
「１カロリーは4.2ジュール」、「１ジュールは0.24カロリー」の関係にあります。

人間が発する発熱量はどのくらい？

75%が熱として発散される

75%＝94W

100W電球とだいたい同じだよ!

ランニングや水泳のような激しいスポーツをしているときは、この数倍以上の熱量を発していることになります!

※１：これは、ガソリンエンジンとほぼ同じエネルギー効率といえます。この熱は体の表面から放散したり、尿や便とともに体外に排泄されますが、同時に体を温め、体温を保つ働きもしています。

Lesson_1 08

LED照明の電気代は蛍光灯の半分になる?

LED電球の発光のしくみと光の広がり方

LED（Light Emitting Diode）は別名「発光ダイオード」といいます。LEDは電気を直接光に変換するので、白熱電球や蛍光灯にくらべ、エネルギー効率がよく長寿命です。

LEDは照明に利用される前から使われており、CD、DVD、BD（ブルーレイディスク）があるのもLEDのおかげです※1。

LEDが照明として脚光を浴びるようになったのは、技術革新で十分な照度が得られ、青色や白色のLEDが安くなって、自然な光が再現できるようになったからです。

LEDの発光のしくみは、豆電球（白熱電球）と大きく異なっています。

豆電球は、金属の細かい線からなるフィラメントを発熱させて発光させます。一方、LEDの発光は半導体などに電圧を加えたときに高いエネルギー状態（励起状態）になり、それが低いエネルギー状態（基底状態）に戻るときに起こる発光を利用しています。

下図はLED電球のしくみです。LED素子が発した光を、レンズで拡散し、電球全体を明るくさせています。

また、LED電球と白熱電球では、光の広がり方にもちがいがあります。右図のように、LED電球は光を放射する向きに偏りができ、電球面の正面は明るくなる一方、側面や背面は暗くなります。

LED電球のしくみ

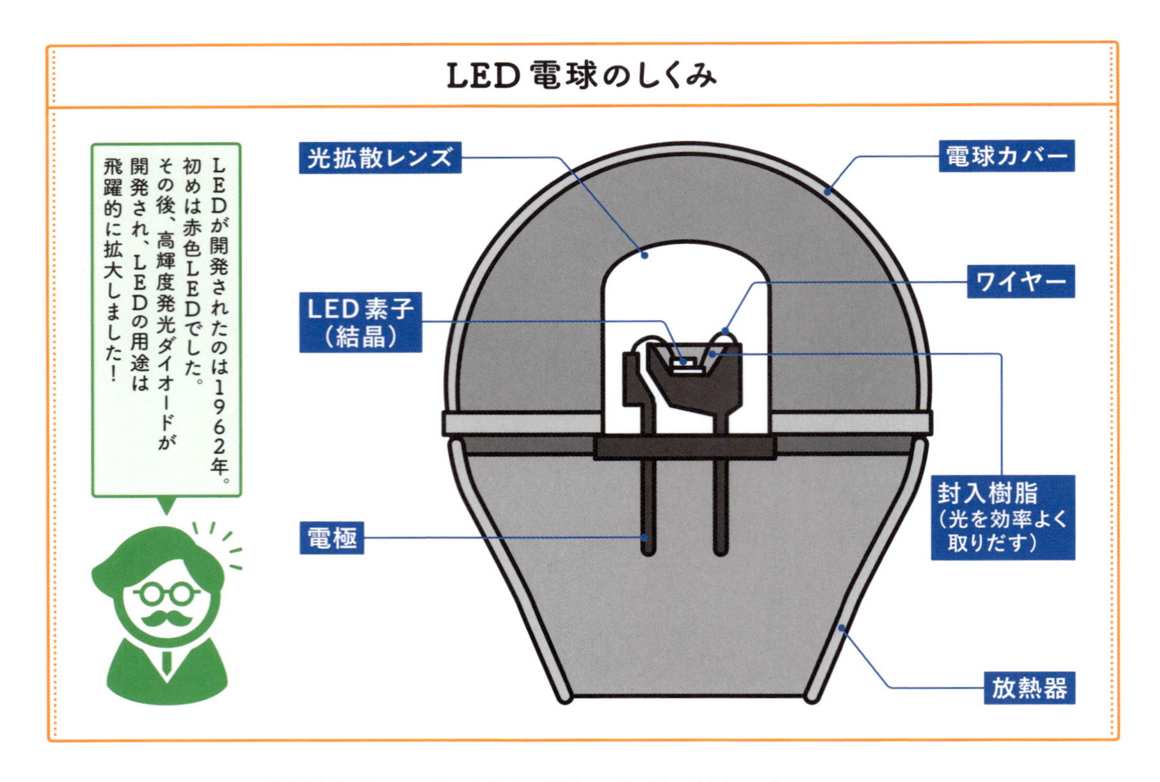

※1：LEDはCD、DVD、BDの記録再生用の光ディスクドライブの中の半導体レーザーとして使われています。その基板材料として、CD、DVD用はガリウムヒ素、BD用は窒化ガリウムが用いられています。

白熱電球とLED電球の光の広がり方のちがい

白熱電球の場合

光の放射する向きに偏りがなく、電球のほぼ全方向に光が広がる

LED電球の場合

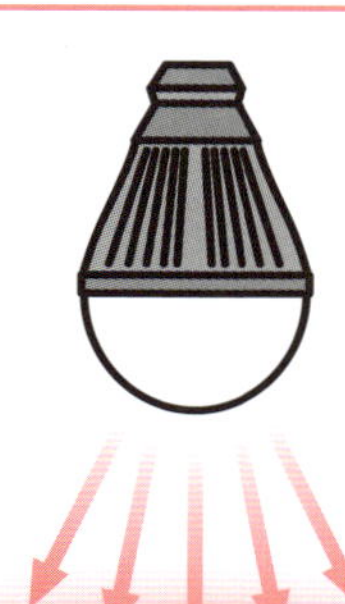

電球の正面は明るくなるが、側面や背面は暗くなる

日本人による青色LEDの開発が白色光を実現させた

LEDは1つの波長の光（単色光）を放出します。**白色光を出すには、青・緑・赤の3つのLEDが必要で、青色LEDの発明により白色光が可能になりました。**

最も普及しているのは青色LEDと黄色の発光体を使ったものです。青色LEDチップの上部に黄色の発光体を取りつけます。青色が黄色の蛍光体に当たり、青色を黄色にします。この黄色と青色LEDから出た青色を重ねて擬似的に白色にする方法です。

2014年、赤崎勇・天野浩・中村修二の3氏が『高輝度でエネルギー効率のよい白色光を実現する青色発光ダイオードの開発』の業績でノーベル物理学賞を受賞しました。

LEDの寿命は約4万時間※2と、電球（約3千時間）や、蛍光管（6千〜1万2千時間）に比べ、圧倒的に長いことが特徴です。

なお電気エネルギーから可視光線への変換効率が高効率なので、言い換えれば、少ない電力で効率よく発光できます。

また、**LED電球の電気代は蛍光灯の半分以下**です。各世帯の平均ではLED電球を使うことで、年間1万8千円以上も電気代を安くすることができます。

サイエンス Column

LED照明の特徴と有機EL照明の出現

LEDの長所は、寿命が長い、消費電力が少ない、衝撃などに強い、電気をつけるとすぐに明るくなるなどがあります。短所としては、値段が高い、熱に弱い、重い、均一に光を放射できないなどがあります。

有機ELは、影をつくらず、自然光に近い風合いで発光するため、LED照明につぐ次世代照明として注目されています。

※2：LEDは少しずつ暗くなるので、初期の光度の70%になるときを「寿命」としています。

Lesson_1 09

CD、DVD、BDはどうやって音や映像を記録するの？

アナログ録音とデジタル録音のしくみと特徴

音や映像は、どのように記録されるのでしょうか。ここでは音の場合で考えてみます。

CD※1が普及する前は、レコードやカセットテープなどのアナログ録音でした。

音は、空気の振動なので、直接物体の形として記録できます。音の振動を、プラスチックの凸凹や、磁性体表面の磁気の強弱によって記録し、針や磁気ヘッドなどで記録面をなぞり、音の波形を読み取り再生します。

この方法だと、記録面に直接接触して読み取るため、何回も繰り返すうちに、元の形がくずれ、再生できなくなってしまいます。

一方デジタル録音は、まず、音の波形を一定時間ごとに区切り、波の高さを十進数で読み取ります。つぎにそれを二進数に変換し、その値を記録するのです［図1］。

この場合、再生される音は、録音されたときの品質を保ち続けることができます。

一定周期ごとの区切り方が粗いと、原音とのちがいが大きくなります。この周期をサンプリング周波数※2といい、できるだけ短い周期で波形を読み取ったほうが原音を忠実に再現できますが、短すぎるとデータの量が膨大になってしまいます。そこで、適度なデータ量になる周波数が採用されています。

CDでは、44.1キロヘルツの周波数です。**音を1秒間に4万4千回に区切り、波の高さを読み取っている**のです。この周期なら、人の耳が聞き取れる音域を、ほぼ忠実に再現でき、データの量もCDにうまく納まります。

CD、DVD、BDのしくみと収録時間がちがうわけ

CDなどの光ディスクは、アルミニウムの層が、レーベルなどが印刷された層と、透明な層の間にはさまれています。

透明な層には、ピットとよばれる穴があり、穴のある場所とない場所で、デジタル情報の0と1を区別します［図2］。

再生するときには、透明層から光を当て、アルミニウム層から反射してきた光を読み取ります。ピットと、そうでないところの反射の仕方がちがうため、0と1が区別できるのです。読み取る光は、CDでは波長が780ナノメートルの赤外線、DVDでは650ナノメートルの赤色の光、BDでは405ナノメートルの青紫色の光が使われています※3。

光の波長が短くなるほど、情報が高密度で記録できるので、大きさは同じなのに、BDは高容量なのです［図3］。

サイエンス Column

CDはいつまで保存できるの？

CDが発売された1980年代には、100年以上保存がきくといわれていました。再生時に接触せず情報が読み出されれば、いつまでも保存できると考えられたのです。

ところが、場合によっては数年でダメになるケースがあることもわかってきました。それはアルミニウムが酸化され、細かな穴が開くことから起こります。

※1：CDは「Compact Disc（コンパクトディスク）」、DVDは「Digital Versatile Disk（デジタル多目的ディスク）」、BDは「Blu-ray Disc（ブルーレイディスク）」の略です。

デジタル録音のしくみとCDの構造

図1 デジタル録音

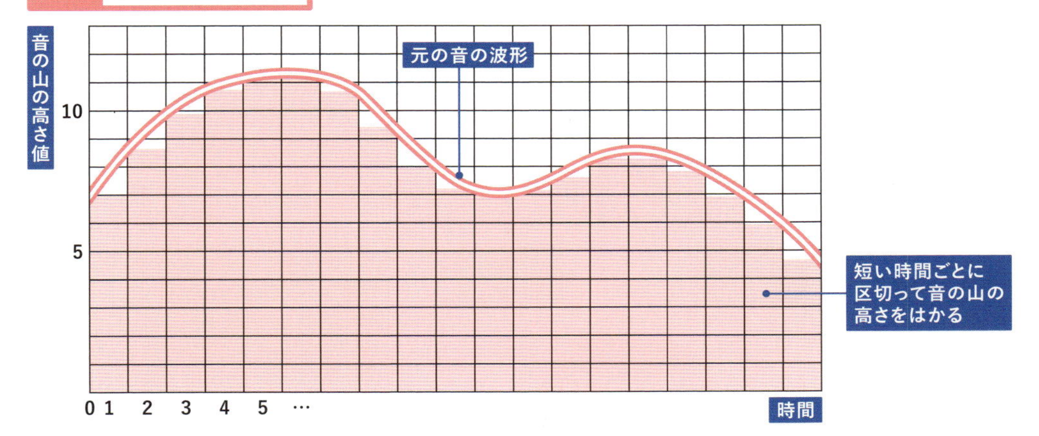

- 1番目の音の高さ→数値で読み取る「7.0」→近似値化：十進数「7」→二進数化「0111」
- 2番目の音の高さ→数値で読み取る「8.5」→近似値化：十進数「9」→二進数化「1001」
- 3番目の音の高さ→数値で読み取る「9.8」→近似値化：十進数「10」→二進数化「1010」
- 4番目の音の高さ→数値で読み取る「10.6」→近似値化：十進数「11」→二進数化「1011」

1番目から4番目までの音を二進数に置き換えると…「0101100110101011」となる。

図2 CDの構造

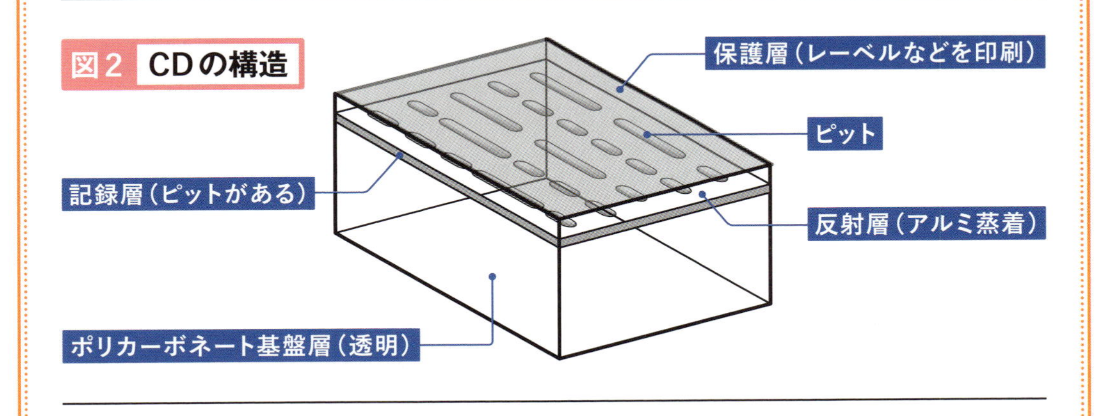

図3 同じスケールで並べたときのピットの大きさ

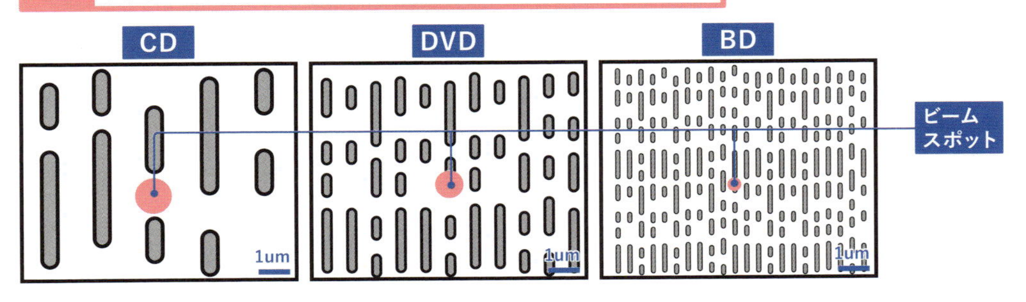

※2：アナログ信号をデジタル信号化するときの単位時間当たりの標本化回数のことです。
※3：「1ナノメートル」は100万分の1ミリメートルです。

Lesson_1

10 液晶テレビはどうやって映像を映し出しているの?

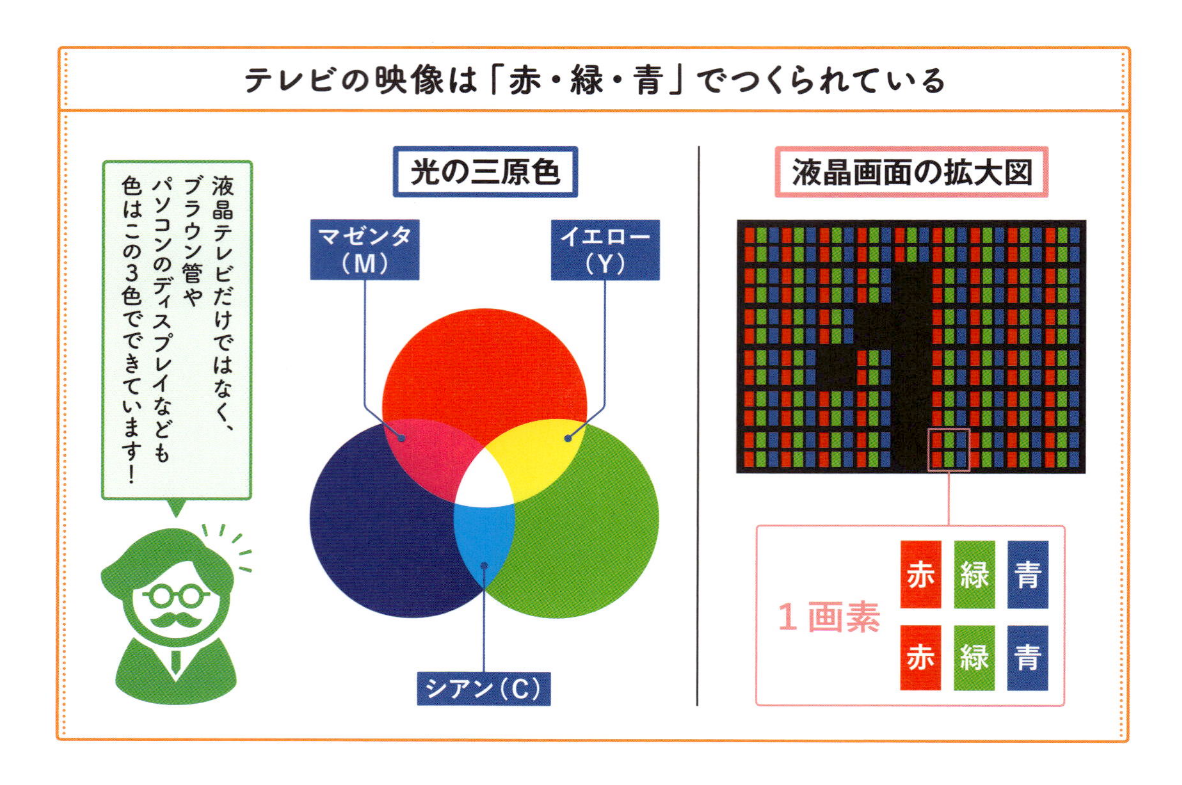

光の三原色を組み合わせてさまざまな色がつくられる

液晶は液体と固体の両方の性質を持つ物質です※1。熱や電圧を加えると結晶の配列が変わり、光の透過、反射、散乱の状態が変化します。この性質を利用して、画像などを表示するディスプレイが開発されました。

液晶自体は発光しませんが、薄型で消費電力が少なくできることから、まずはモノクロで電卓用などに商品化されました。

液晶テレビの画面には、小さな点が碁盤の目のように並んでいて、この小さな点(画素)の色と明るさを変えて画面がつくられます。

人間が色を認識できるのは、目の網膜上に赤、緑、青の光に対応したセンサーがあるからです。この3色に対応する光は強く感じ、その波長からずれた光は弱く感じます。

これらのセンサーに入る光の情報が脳に伝えられて処理され、色を認識しています。

赤、緑、青の3色は「光の三原色」とよばれ、この3つの光を等しく混ぜると白色になります。

これらの光の組み合わせによって、さまざまな色をつくることができます。例えば、赤+緑=【Y:イエロー(黄)】、緑+青=【C:シアン(澄んだ青緑色)】、青+赤=【M:マゼンタ(赤紫)】です。

液晶画面を拡大すると、規則正しく並ぶ赤、緑、青の小さな窓が見えます。この小さな窓

※1:液晶は、固体のようにしっかりと固まっているわけでも、液体のようにさらさら流れるわけでもなく、ドロドロした状態です。固体のように決められた形になることも、液体のようにいろいろな形になることもできます。結晶と液体の中間状態であることから「液晶」と名づけられました。

は、まさに光の三原色なのです。テレビの画面は、こうした**画素の明るさや赤、緑、青の組み合わせを調節して、いろいろな色がつくられています。**

液晶テレビの基本的な構造と映像を映すしくみ

液晶ディスプレイの中心となる部分は、《偏光板＋［ガラス板＋透明電極＋液晶＋透明電極＋ガラス］＋カラーフィルター＋偏光板》の８層からできています※2。

光源から出る光はあらゆる方向に振動していますが、その光のうち、特定の方向に振動する光だけを通すフィルターが「偏光板」です。偏光板を通った光は、振動面が特定の方向に偏った光なので、「偏光」とよびます。

液晶に電圧がかかっていないときは、液晶分子はねじれた状態で並んでいます。電源を入れてバックライトがつくと液晶分子はねじれたままなので、バックライトの近くの偏光板を通った光は液晶でねじれ、表面近くにねじれて置いてある偏光板を通り抜けます。

液晶に電圧がかかったときは、液晶分子のねじれがなくなり、液晶を通った光もねじれがなく通り抜けてしまい、表面近くにねじれて置いてある偏光板を通り抜けられません。

表面近くの偏光板の下には３つのカラーフィルターがあります。赤・青・緑のどの画素を光が通り抜けるかで、いろいろな色になります。実際は３色それぞれの光量が変化しますので、混ぜた色はたくさんの色になります。

液晶テレビの不利な点は、液晶自体が発光しないため、常にバックライトをつけていなければならないところです。現在では白色LED（発光ダイオード）が使われるようになり、省エネが進んで長寿命化しました。

また、ドットが構造的に何層にもなっているので正面から見ないときれいに見えませんが、のぞき見防止には役立ちます。

液晶が映像を映すしくみ

液晶ディスプレイの基本構造（緑の場合）

光が通る場合 ※液晶の電源オフ

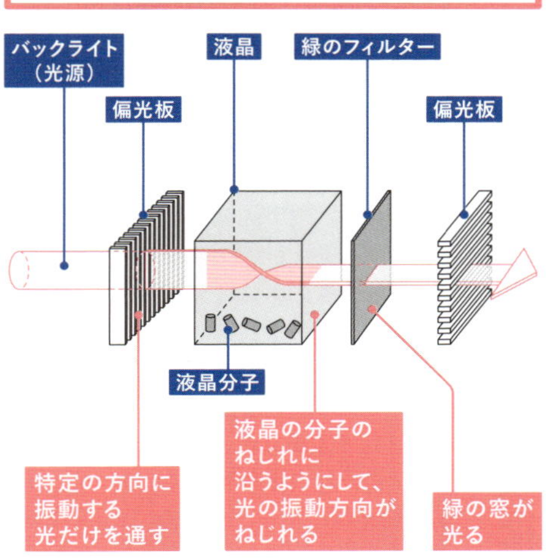

光が通らない場合 ※液晶の電源オン

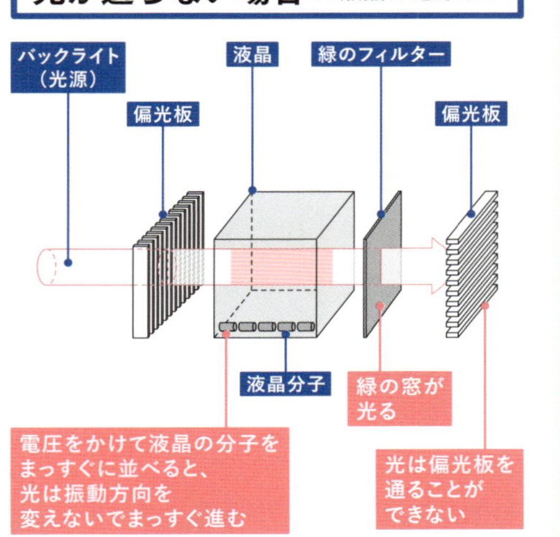

※2：メインは液晶で、ガラス板２枚は液晶の保護、透明電極は液晶の制御なので、［ガラス板＋透明電極＋液晶＋透明電極＋ガラス板］をまとめて液晶とする場合もあります。その場合は４層となります。

Lesson_1 11

4Kテレビは どのくらいきれいな画質なの？

変わりゆく画像環境と テレビの画像規格

地上波デジタルが普及し、私たちを取り巻く画像環境は大きく変化しています。

家電売り場でも2K、4Kといった表示が見られ、映画館に匹敵するような高解像度の画像を映し出しています※1。

デジタル画像は、さまざまな色の点の集まりでできています。この点を「画素（ピクセル）」とよびます。また、画像の幅と高さを画素の数で表現したのが「画素数」です。

アナログテレビの映像をデジタル画像に換算すると720×480（ピクセル、以下略）で、DVDも同じ画素数が採用されています。

それに対して、現在のデジタル放送（ハイビジョン）の画素数は、1,280×720（BSデジタル）～1,440×1,080（地上波デジタル）です。BSデジタル放送の一部やブルーレイに収録されるフルハイビジョンの画素数は1,920×1,080で、これが現在主力の「フルHD」ともいわれる画質です。**横の画素数が約2,000あるので2Kともよばれます**※2。

さらに**4K**では、画素数は3,840×2,160です。**1枚の画像にふくまれる情報の量は、4Kでアナログテレビ時代の24倍、8Kでは100倍近く**にまでなります。

なめらかさを示す フレームレートと進む高画質化

1秒間に何枚の絵を表示するかをフレームレートとよびます。アナログテレビから4Kまでは60フレームで、1秒間に60枚の絵を表示していることを意味します※3。

アナログでは一度に多くの情報を送るのが難しかったため、画像を横縞状に奇数と偶数の2枚の絵に分け、交互に送る「インターレース方式」をとっていました。

一方、完全な画像を表示するのが「プログレッシブ方式」です。現在、家庭用ビデオカメラはフルHDの60フレームプログレッシブ動画（1,080pとよばれています）に対応していて、高画質の動画を撮影できます。

家庭のテレビやブルーレイレコーダーは、こうしたさまざまな規格の映像を変換しながら表示しているのです。映像だけでなく音声の記録（エンコード）方式も異なる場合があり、映像が見えない、音声が聞こえない、などの原因になることがあります。

4Kや8Kはあまりにも高画質すぎて、家庭に置けるサイズのディスプレイではもはや差がわからないかもしれません※4。

サイエンス Column

テレビはサイズによって きれいに見える距離がある

テレビがきれいに見える距離は画面の高さの3倍程度とされていました。32インチなら6畳、42インチなら8畳程度です。

50～100インチに相当する4Kや8Kは、12畳を超える部屋が適当となりますが、1インチあたりの画素数も高くなっているので、画面の高さの1.5倍程度の距離でも鮮明な画像を楽しめるそうです。

※1：映画館で上映に使われていた35ミリフィルムの画質は、デジタル画像に換算するとブルーレイ相当の横2000ピクセル程度だといわれています。
※2：「2K」や「4K」といった際の「K」は1000を表す用語で、それぞれ「2000」と「4000」を意味しています。

2K・4K・8Kの画像規格の違い

	画素	テレビ画面の実用のサイズ
2K（フルハイビジョン）	約2,000＝2K（1,920×1,080＝2,073,600） 約200万画素	32インチ
4K（ウルトラハイビジョン）	2Kの4倍 約4,000＝4K（3,840×2,160＝8,294,400） 約800万画素	50インチ
8K（ウルトラハイビジョン）	2Kの16倍 約8,000＝8K（7,680×4,320＝33,177,600） 約3,300万画素	100インチ

2020年の東京オリンピックまでに、
4Kや8Kの放送環境を整備する計画も進んでいます！

※3：8Kのフレームレートは120です。
※4：8Kともなるとまるで写真のような画質です。展示会やNHKの放送博物館などで一足先に体験できますから、機会があったら見てみましょう。

Lesson_1 12

次世代ディスプレイの有機ELって何？

有機ELが発光するのはホタルと同じ原理

ELとは「エレクトロルミネッセンス（Electro luminescence）」のことで、電圧をかけると発光する現象のことです。電気エネルギーを光エネルギーに変えるのです。

有機ELは、発光体自体に有機化合物を用いたものです。

ホタルは電気がないのに発光しますが、それは、ルシフェリンというタンパク質をルシフェラーゼという酵素で分解し、酸化ルシフェリンという物質を生成します。それが元に戻るときに、黄緑色の光を発するのです。

有機ELでは、電流により励起された有機化合物（発光層）が、励起状態から元の基底状態に戻るときに放出するエネルギーで発光します※1。

有機ELは自ら発光するため、バックライトなどが不要で、薄型化が可能です。また、斜めからでも画像がきれいに見え、発光を止めればはっきりした黒色も表現できます。使わない光を出さないため低消費電力で、スマホへの応用が進んでいます。

極薄で単純な構造のため、プラスチック基板を使えば曲げることも可能です。テレビを丸めたり、画面が曲面のテレビなどができるかもしれません。また、照明にも利用できます。有機EL照明は、天井全体を光らせるものや、影をつくらない照明も可能です。

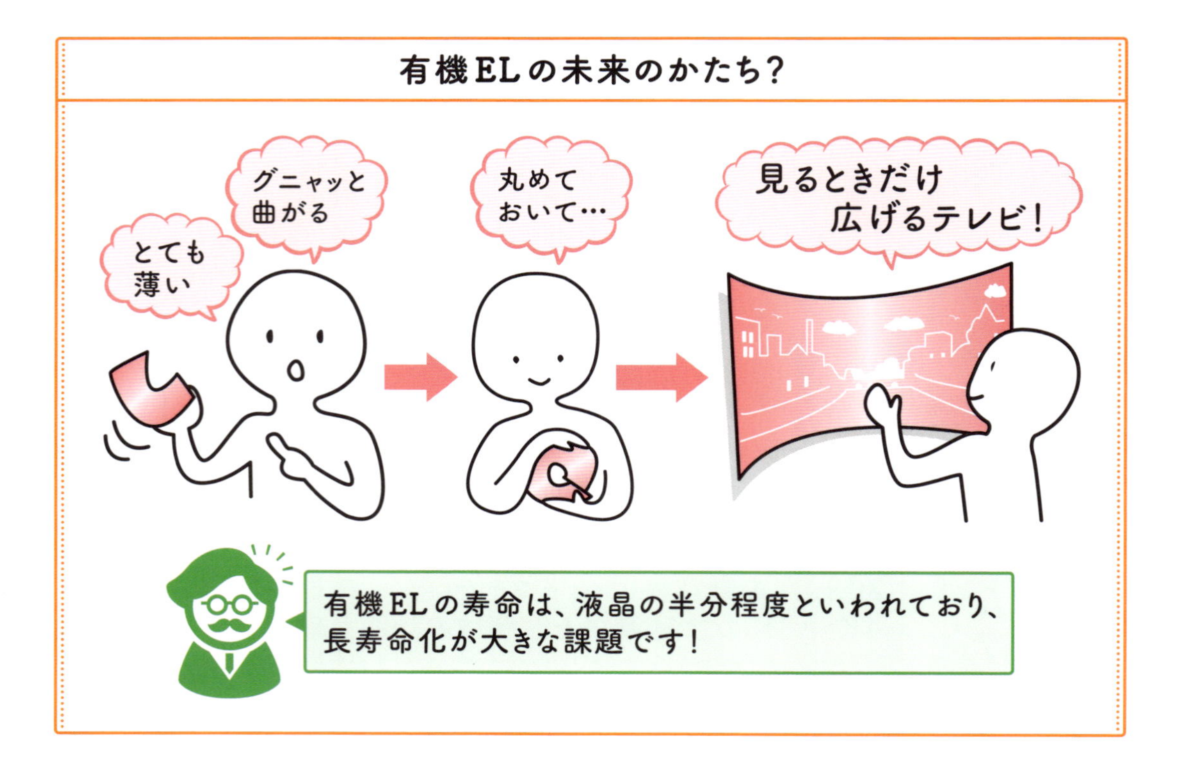

※1：最低エネルギーの状態を基底状態とよび、それ以外の状態は励起状態とよびます。励起により、基底状態にあった固有状態は励起状態へ移ります。そして、もらったエネルギーを光として放出し、励起状態から基底状態に移ります。

『掃除・洗濯・料理』にあふれる科学

Lesson_2 13 ロボット掃除機の頭脳はどうなっている？

ロボット掃除機には2つのタイプがある

手探りでおおよその場所を把握するタイプ

- 動きながら場所を把握する
- 条件反射的に動く
- 人工知能が状況に応じて判断する
- 同じ場所を何度か通り、もれをなくす

あらかじめ地図をつくるタイプ

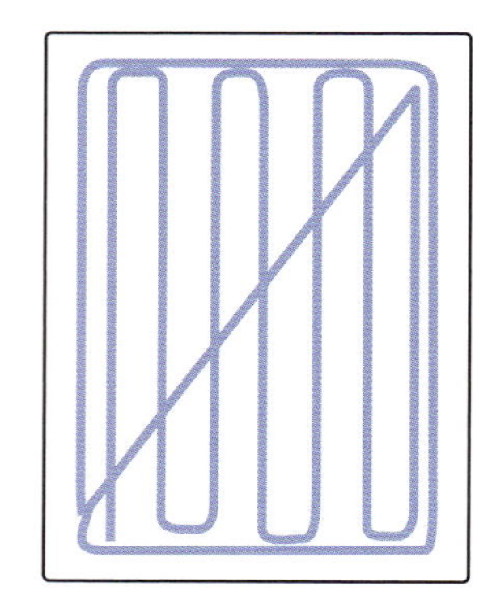

- 「手探り型」に地図機能をプラス
- 人工知能が移動経路を考えて動く
- 直線的に動き、無駄が少ない
- 掃除時間が短い

手探りでおおよその場所を把握するタイプ

人工知能を搭載した最近のロボット掃除機には、大きく２つのタイプがあります。

１つ目は、行き当たりばったりで動いているように見えるタイプです。このタイプは、障害物にぶつかるたびに進路を変え、暗闇の中で人が手探りで部屋の様子を探るようにして、おおよその場所を把握します。

動きながら場所を把握し、同じ場所を何度か通り、もれのないように動きます。タッチセンサーや障害物を感知する超音波センサー、赤外線センサーなどを使って、壁や障害物に近寄ったりぶつかったりしながら、方向を変えて部屋の様子を探ります。

そして、距離センサーが進んだ距離、ジャイロセンサーが回転角度を感知することによって自分がいる場所を把握します。また、車輪がスリップした場合には、加速度センサーがそれを検知し、走行距離を補正します。

手探りで場所を把握しながら、例えば、イスの脚にぶつかった場合にはイスの脚の周囲をひとまわりするなど、人工知能が状況に応じて判断しながら掃除をします。

あらかじめおおまかな地図をつくるタイプ

２つ目は、あらかじめ部屋の大きさや様子

※１：Simultaneous Localization and Mappingの略です。

を把握し、「地図」をつくったうえで人工知能が移動経路を考えて動くタイプです。

これには、SLAM※1とよばれる技術が使われており、地図の作製（マッピング）と自分がいる場所の把握（ローカリゼーション）を同時に行うことによって、人工知能が自分自身で動きを制御するのです。

具体的には、光学カメラで天井や壁を撮影したり、レーザーや超音波、赤外線などを周囲に射出し、その戻り具合によって壁までの距離を計測し、部屋の地図をつくります。その地図を元に、人工知能が効率的な移動方法を考えて動くのです。

ただし、地図はあくまでもおおよそなので、障害物に当たることもあります。その場合、1つ目のタイプと同様の動きをします。つまり、手探りで把握するタイプに、地図をつくる機能が付加された掃除機といえます。

ちなみに、地図をつくるタイプのほうが効率よく動くので、掃除時間は短くなります。

ロボット掃除機は、ゴミの多い場所では吸引力がアップしますが、カメラなどの「目」でゴミを見つけているのではありません。吸い込み口にある光センサーによってゴミの通過を感知したり、ゴミが吸いこまれる音（周波数）の変化を感知するなど、ゴミを吸いこんでから「ゴミがある」と感知するのです。

サイエンス Column

ロボット掃除機が階段から落ちないのはなぜ？

ロボット掃除機が階段から落ちないのは、掃除機の底に下向きに付けられた赤外線センサーが、床までの距離を測定し、階段や玄関のふちを検知しているからです。

赤外線センサーは床の凹凸も検知できるので、フローリングとじゅうたんのちがいも認識し、じゅうたんの上に行くと自動的に吸引力が高まるのです※2。

ロボット掃除機に使われるさまざまなセンサー

赤外線センサー	・段差を検知➡落ちない ・床の凹凸を検知 ➡フローリングとじゅうたんの違いを認識 ・反射で距離計測や障害物を感知
光センサー	・ゴミがあるのを感知
距離センサー	・進んだ距離を計測
加速度センサー	・走行距離の誤差を補正
ジャイロセンサー	・自分がいる場所を把握する
光学カメラ	・「地図タイプ」で、天井や壁を撮影 ➡部屋を把握する
超音波センサー	・反射で距離計測や障害物を感知

※メーカーや機種により、搭載されているセンサーは異なります

※2：赤外線センサーは、黒色（赤外線を吸収する）や透明（赤外線が通過する）なものに対しては距離を正確に認識しにくいという弱点があります。このため、黒い壁やガラスなどには衝突する場合があります。

Lesson_2 14

洗濯洗剤は多く入れても効果がない？

衣類の油汚れを落とす界面活性剤のしくみ

皮脂などの油性の汚れを落とすのが、洗剤の主成分である**界面活性剤**です※1。

界面活性剤はマッチ棒のような形をしており、**1つの分子の中に水とよくなじむ「親水基」と、油とよくなじむ「親油基」という成分があります。**この界面活性剤が、はじき合う水と油をなじみやすくするのです。

油となじむ棒状の部分（親油基）が油分に近づくと、汚れにくっついて取り囲みます。

一方で水となじむ親水基は、水と結びついて汚れや繊維のすき間に水がしみ込むように働き、汚れが衣類からひきはがされます。汚れは界面活性剤におおわれているため、衣類に戻ることができなくなります。

ひきはがされた汚れは、界面活性剤の働きで細かい粒にされ、すすぎで流されます。

汚れ落としの効果は洗剤量と比例しつづけるわけではない

界面活性剤はある濃度に達すると、親油基どうしがくっついて「ミセル」という集合体をつくります。ミセルは内側に油汚れを取り込むため、ミセルが増えることで洗浄力が高まります。逆に、包みこめないほど洗剤の量が少ないと、うまく汚れが落とせません。

ある一定の濃度までは、洗剤量と比例して

界面活性剤が汚れを落とすしくみ

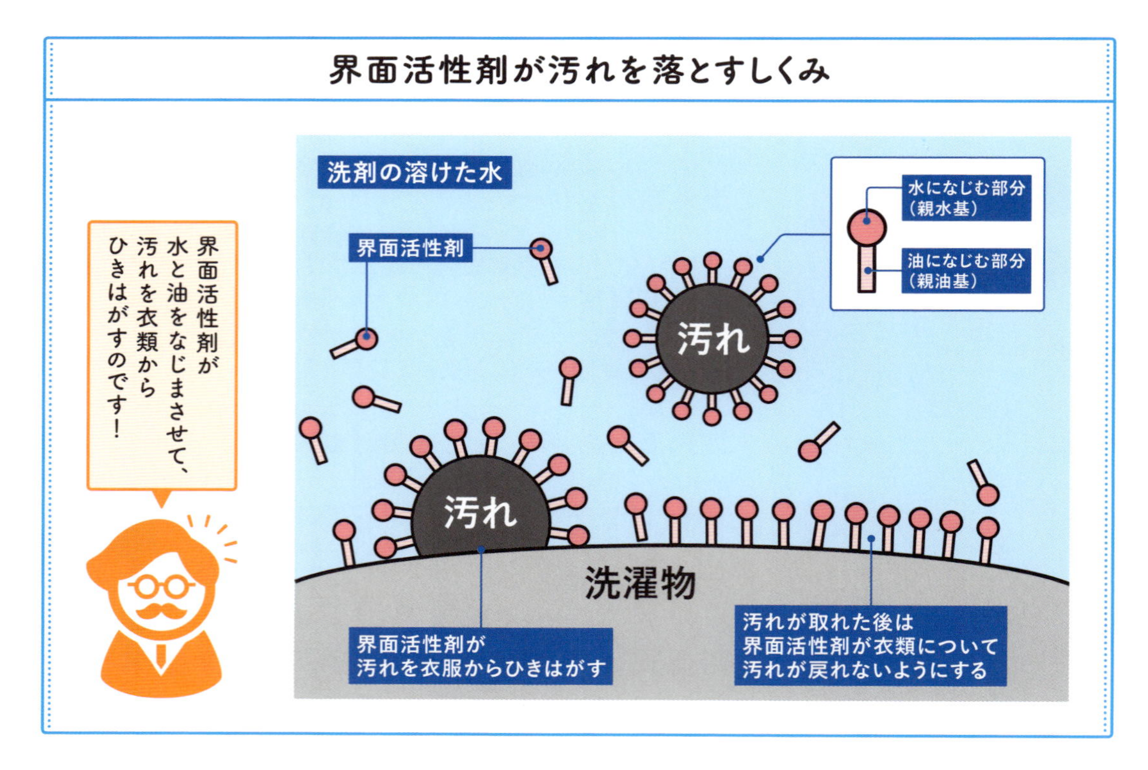

※1：物質と物質の境目を「界面」といいます。その界面を変化させるものを「界面活性剤」といい、代表的なものに石けんがあります。石けんは油脂と水酸化ナトリウム（苛性ソーダ）などを反応させて作られます。

洗浄効果を高めるための4つの成分

1	タンパク質分解酵素	食べこぼしや血液など、タンパク質系の汚れを分解
2	アルカリ剤	酸性に傾きやすい洗浄液を適正に保つ
3	水軟化剤	洗浄を妨げる水の中のミネラル分をブロックする
4	分散剤（再付着防止剤）	落ちた汚れを衣類に戻させない

汚れがひどい部分をきれいにするには…

襟や袖口
先に洗剤をつけて
手やブラシでもみ洗いする

食べこぼしや血液
タンパク質分解酵素を
ふくんだ洗剤につけおきする

界面活性剤とはちがう働きの
酵素については、32ページで詳しく説明します！

汚れ落としの効果は急速に高まりますが、一定の量を越えると、効果はほとんど変わらなくなります。界面活性剤の働きだけでは落ちない汚れもあるので、**界面活性剤の量だけをいくら増やしても汚れは落ちません。**

多く入れすぎた洗剤は無駄になりますし、洗剤が多いことですすぎが長くかかり、余計な水や時間を使うことになりますね。

衣類の汚れはすべての箇所に同じようについているわけではありません。襟や袖口のように汚れのひどいところは、先に洗剤をつけて手やブラシでもみほぐすことで、洗濯機にかけたときに汚れがはがれやすくなります。

また食べこぼしや血液のようなタンパク質系の汚れがある衣類は、洗濯機に入れる前に**タンパク質分解酵素**をふくんだ洗剤をぬるま湯に溶かしてつけおきしておけば、汚れを落とす効果が得られます[※2]。

洗剤には酵素以外にも、洗浄効果を高めるための補助的な成分がいくつかふくまれています。汚れによって酸性に傾きやすい洗浄液を適正に保ってくれる**アルカリ剤**や、洗浄の妨げになる水の中のミネラル分をブロックしてくれる**水軟化剤**、いったん落ちた汚れが衣類に戻るのを防いでくれる**分散剤**（再付着防止剤）などです。こうしたさまざまな成分の総合力で衣類の汚れを落としているのです。

サイエンス Column

節水型の洗濯機は洗剤の量に注意が必要

節水型洗濯機は、水の量を基準に洗剤を入れると、洗剤量が少なくなってしまう場合があります。このため、洗剤のパッケージには「一般」「ドラム式」と分けて適量が記載されています。

「節水型洗濯機の場合は、洗濯物の量を基準にして洗剤量を決める」と覚えておきましょう。

※2：酵素については、次項を参照してください。

酵素入り洗剤はふつうの洗剤と何がちがうの？

汚れの種類によって効果がある酵素は異なる

酵素の種類	汚れの種類
プロテアーゼ（タンパク質分解酵素）	垢汚れ、血液、ミルクなどタンパク質を多くふくむ食物の汚れ
リパーゼ（脂質分解酵素）	皮脂、油脂をふくむ食物の汚れ
アミラーゼ（デンプン分解酵素）	カレールー、ミートソースといった小麦粉を使った食物やかぼちゃスープなど、デンプンを多くふくむ食物の汚れ
セルラーゼ（セルロース分解酵素）	木綿繊維の奥に入り込んだ汚れ（繊維のほうに働きかけて温めることで落とす）

界面活性剤とはちがう酵素の働き

洗剤に含まれる酵素は、**汚れを水の中で化学的に分解し、細かくなることを助ける働きがあります**[※1]。

私たちが食べ物を食べると、消化酵素が食べ物を消化分解してくれるのと同じように、酵素は汚れを細かく分解することで、汚れを衣類からはがれやすくする働きがあります。界面活性剤が汚れをひきはがす作業を楽にしてくれるのです。

酵素はその働きによって、**タンパク質分解酵素**（プロテアーゼ）、**脂質分解酵素**（リパーゼ）、**デンプン分解酵素**（アミラーゼ）、**繊維分解酵素**（セルラーゼ）などの種類に分かれ、上図のように、対応できる汚れが異なります。

酵素は、冷たい水よりも**温かいお湯のほうが、働きがよくなります。**ただし酵素自身もタンパク質ですから、熱湯のような高温では固まってしまいます。

またタンパク質系の汚れの場合は、汚れの成分も固まってしまい、繊維へこびりついてしまう可能性があります。最適な温度は36〜37℃ぐらいの場合が多いようです。

強い酸やアルカリにも弱く、中性に近い状態で最も力を発揮します[※2]。

汚れの分解には時間がかかるので、**ぬるま湯に30分から1時間ほどつけおきしてから洗うと、より高い効果が期待できる**でしょう。

※1：こうした化学反応が起こりやすくなる物質のことを「触媒」といいます。反応の前後で自分自身は変化しない特徴があります。
※2：ただし最近は、アルカリ性の洗濯液でも効果が発揮しやすいようアルカリに強い酵素を生産する微生物の発見、培養なども進んでいるようです。

電子レンジはどうやって食べ物を温めているの？

食品に含まれている水分を利用して温めている

電子レンジは「マイクロ波」という電波を当てることで食品を温めます。なぜ、電波を当てると温めることができるのでしょうか。

ほとんどの食品には、水がふくまれています。この水は個々の分子レベルで見ると、分子内の水素原子はプラス（＋）、酸素原子はマイナス（－）の電気があります。それでちょうどよい電場（電界）をかけるとある方向にそろいます。

交流のマイクロ波を照射すると、交流なのでその電場（電界）の向きは瞬間瞬間に全く反対向きになり、水分子はそれに合わせて振動します。その結果、水の熱運動が激しくなる＝水の温度が上がることになります。水以外にも熱が波及し食べ物が温められます。「熱い」ということは分子の運動が激しいということです。これを熱運動とよびます。

食品などを熱するには、その分子を激しく振動させればよいということになります。

電子レンジの電波（マイクロ波）を出す装置を「マグネトロン」といいます。発生する周波数（振動数）は、水が振動しやすい2.45ギガヘルツです。このマイクロ波につられて１秒間に24億5000万回もの振動が起き、水がふくまれている食品の温度が上昇します。

ちなみに、水をふくまない空の陶器のお皿をチンしてもほとんど温かくなりません[※1]。

電子レンジのしくみ

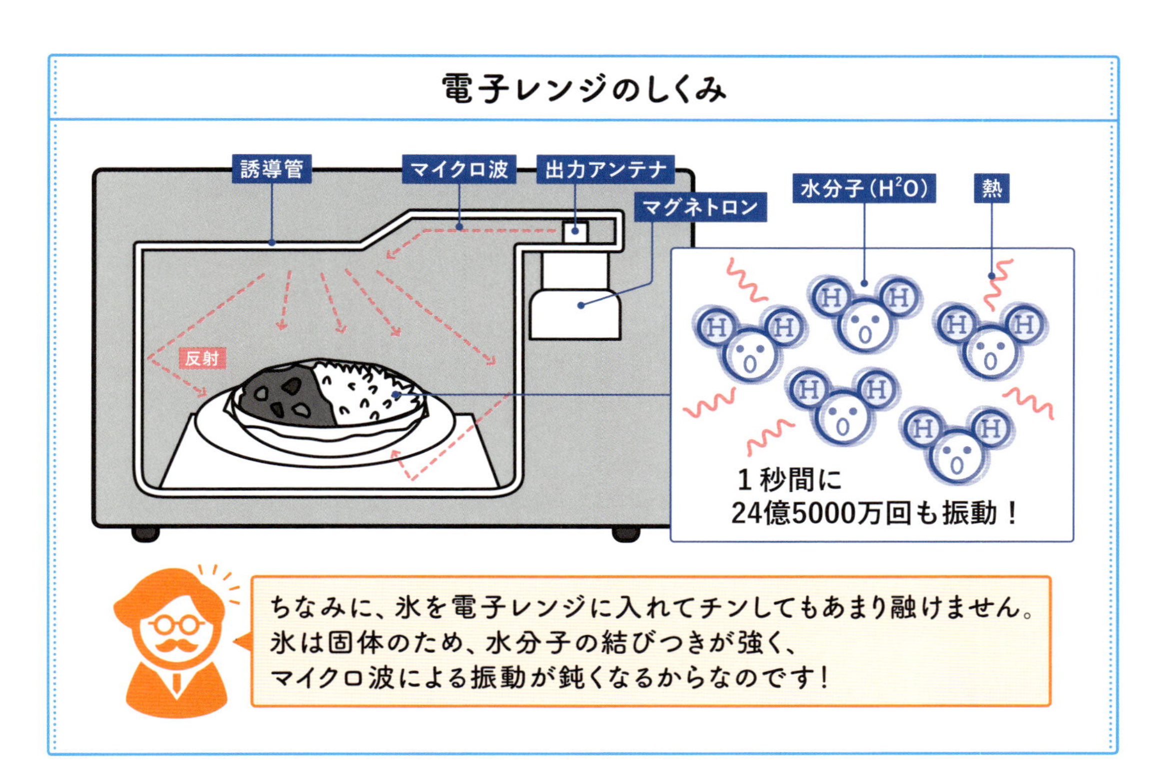

※1：水分のない、乾いた食べ物も温めることはできません。

Lesson_2 17 冷蔵庫はどうやって冷やしているの？

液体を気化させると温度を下げることができる

国産第１号の電気冷蔵庫は1930年（昭和５年）に発売され、当時は「冷蔵器」とよばれていました※1。それまでの冷蔵庫は、大きな氷の塊を入れて保冷する「氷冷蔵庫」で、氷は毎日氷屋さんから購入していました。

ところで、電気冷蔵庫はどのようなしくみで冷えるのでしょうか。

注射をする前にアルコール消毒をすると、肌がひんやりと冷たく感じますよね。これは、液体であるアルコールが肌から蒸発し、気体として空気中に出ていくとき、まわりの熱を奪うためです。夏の打ち水も同じ現象です。

このように、液体から気体になるときに、熱（気化熱）を奪ってまわりを冷やし、逆に気体から液体になるときは、まわりに熱を出して周囲を温める現象を利用しています。

さらに、断熱圧縮や断熱膨張という、気体を圧縮すると温度が上がり、膨張させると温度が下がる現象も活用されています。

冷蔵庫の中には、冷媒（れいばい）※2が入ったパイプがはりめぐらされていて、冷蔵庫内外をぐるぐるまわっています。下図のように、液体冷媒が冷蔵庫の中の熱を奪って気体になり、冷蔵庫内は冷やされます。さらに気体冷媒はパイプの途中の圧縮機に集められ、圧縮されて液体になります。そのときに冷媒の温度が上がり、冷蔵庫の外では放熱しているのです。

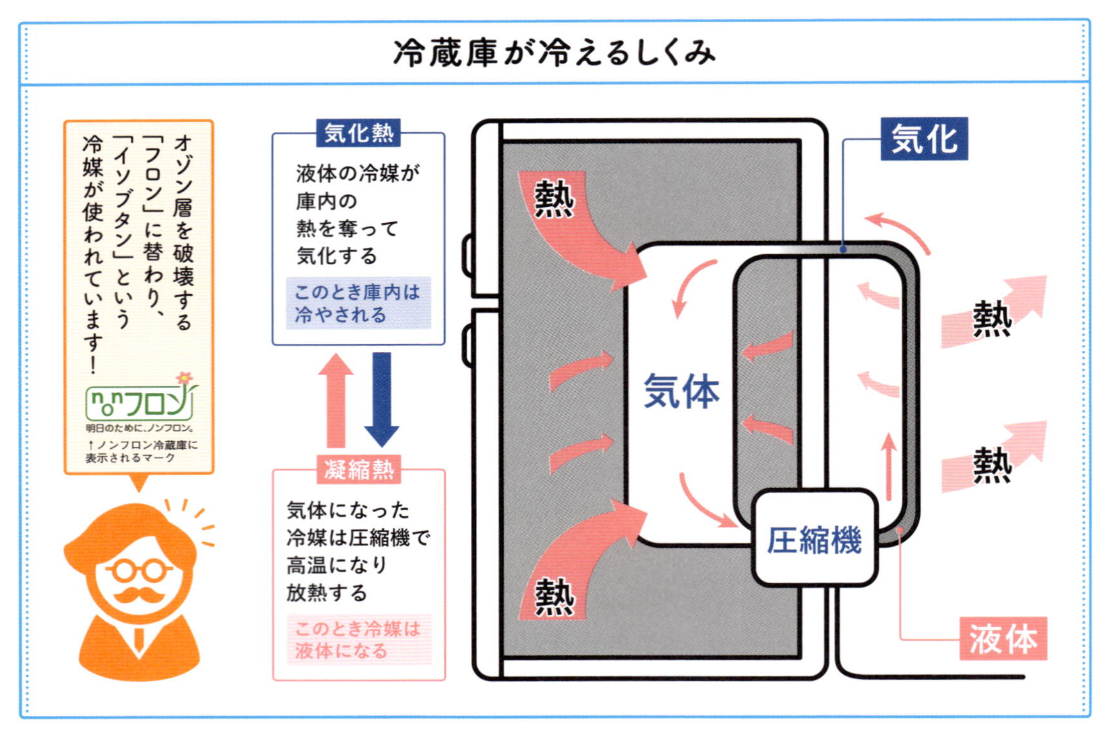

※1：日本初の電気冷蔵庫は、芝浦製作所（現 東芝）が発売しました。価格は当時のお金で標準価格720円と、小さな家が１軒建てられるほど高価でした。1935年には圧縮器や凝縮器を備えた冷蔵庫が発売され、この頃から「電気冷蔵庫」とよばれるようになりました。

※2：冷媒とは、熱を運ぶ役割を持つ物質のことで、常温では気体（ガス）です。圧力をかけると液体になり、液体が気化するときにまわりの熱を奪う性質を利用して温度をコントロールします。

Lesson_2 18 「焦げつかないフライパン」を使うとなぜ焦げないの？

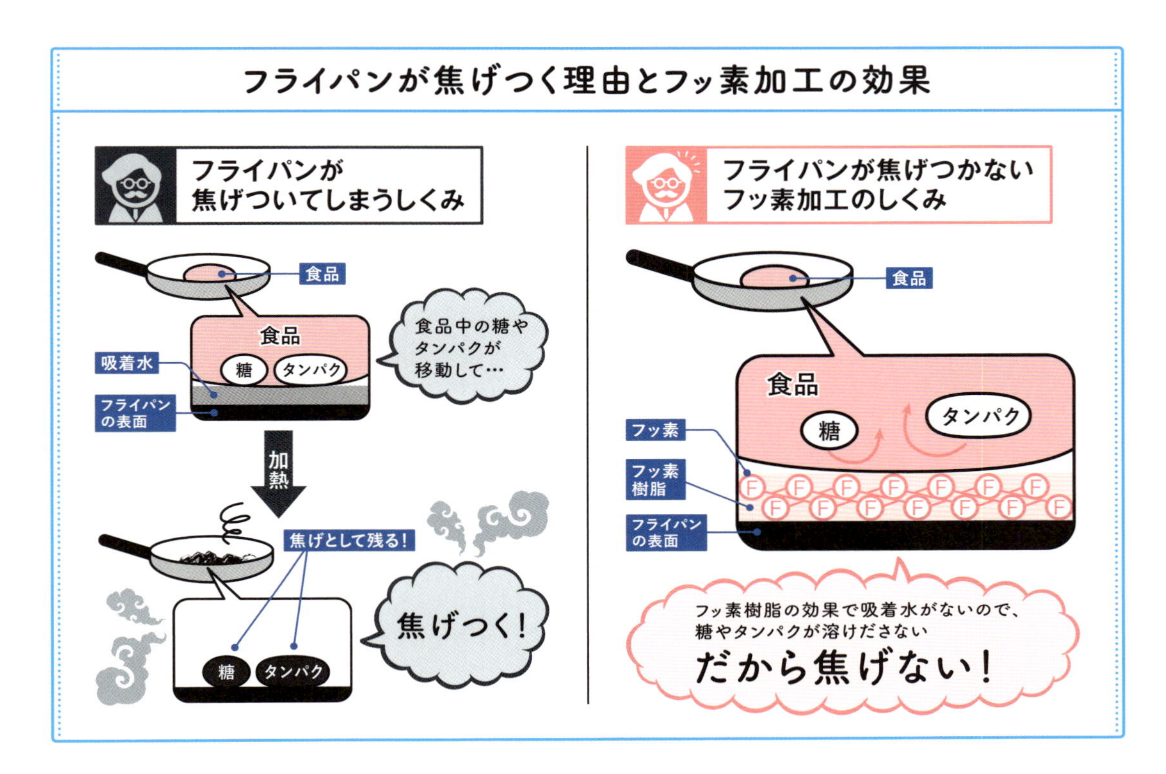

フライパンのわずかな水分が食品とくっついて焦げつく

フライパンは乾いているように見えても、じつは表面にごくわずかな水分が残っています。これを吸着水といいます。

フライパンに食品を載せると、吸着水は食品中の水分と接触します。すると、食品中の水分とくっついていたたんぱく質や糖が、フライパンの吸着水とくっつきあいます。この状態で加熱を続けると、吸着水にくっついたたんぱく質や糖が固まってしまいます。

これが焦げつきの原因です。つまり、吸着水と食品が触れなくなるような加工をすれば焦げつかない、ということになります。

焦げつきにくいといわれるフッ素加工のフライパンでは、フッ素樹脂※1をアルミニウムや鉄でできたフライパンの上にコーティングしたり、混ぜ込んだりしています。

フッ素樹脂の特性は、ほぼすべての化学薬品に対して安定な耐薬品性、摩擦が起きにくい低摩擦性、水をはじく撥水性などがあります。水をはじくため、フライパンの表面から吸着水がなくなるとともに、食品とフライパンが直接触れることがなくなります。そのため焦げつかなくなるというわけです。

フッ素加工されたフライパンの使用にあたっては、空焚きはしない、熱いフライパンを急に冷まさない、角のとがったヘラを使わないという点に注意が必要です。

※1：世界で最初に開発されたケマーズ社（旧デュポン社）の「テフロン」が有名です。炭素原子がたくさん連なった鎖に、たくさんのフッ素原子がブドウの房のようにつながっています。

Lesson_2 19 圧力鍋はなぜ短時間でおいしく調理できるの？

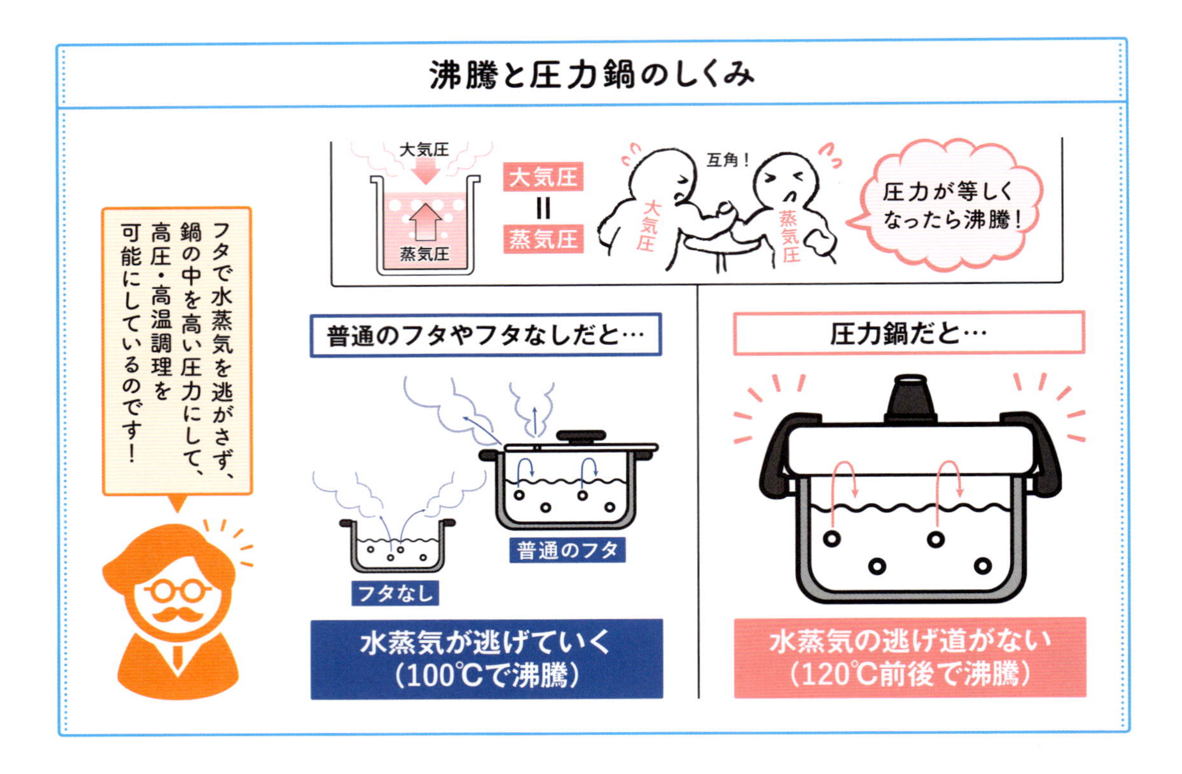

沸騰はどのようなしくみで起こっているの？

圧力鍋が威力を発揮するのは、煮物やお米を炊くときなど、水を沸騰させる調理をするときです。

まずは、「沸騰」のしくみについて解説しましょう。

水の分子は、水素原子２つと酸素原子１つが結合して構成されています。水を温めると、この水分子の運動が激しくなります。液体だった水分子はしだいに気体の水蒸気となって、水の中から飛び出していきます。

このように、液体が気体になる現象を「蒸発」とよび、飛び出した水分子がぶつかった鍋のフタやカベが受ける圧力を「蒸気圧」といいます。

ある温度の蒸気圧の最大値を「飽和蒸気圧」といいます。

普通の鍋では、中の水のどこにも大気圧がかかります。中の水に水蒸気の泡ができると泡には大気圧がかかります。泡の飽和水蒸気圧が大気圧より小さいと泡は潰れてしまいます。泡の中の水蒸気の飽和水蒸気圧が同じになると泡が存在できます。これが沸騰という現象です。泡の中の飽和水蒸気圧が大気圧と等しくなると沸騰が起こるのです。

沸騰とは、水の表面から蒸発すると同時に、水の内部からも水蒸気が泡になって出てくる現象です。

圧力鍋はどのようにして効果を発揮するの？

圧力鍋のフタは、完全に水蒸気をおさえこみます。蒸気が外に出られなくなると、鍋の中で圧力が増していきます。つまり、水蒸気をおさえこむフタが、大きな役割を果たしているのです。

圧力鍋で水を熱すると、**水は100℃を超える高い温度で沸騰します。**温度が高ければ高いだけ水分子の運動は激しくなります。そのため、普通の圧力で水が沸騰する100℃よりも高い圧力で沸騰を起こすことができるようになります。

圧力鍋の特長は、鍋の中を高い圧力にすることで、高圧・高温での調理を可能にしているところです。通常の大気圧（１気圧）の約1.5倍の圧力（1.5気圧）をかけ、120℃前後で沸騰させる商品が多いようです。

通常100℃で煮こむところを約120℃で煮こむと、どんなメリットがあるのでしょうか。

高温・高圧で調理をすると、短時間で隅々まで火が通ります。とくに固い食材や、煮こむのに時間がかかる料理には効果的です。

蒸気が逃げにくいため、少ない水分で煮こむことができます。また、短時間で調理することで、栄養成分の流出が少なくて済みます。

サイエンス Column

煮こみ料理や柔らかくしたい料理に最適

圧力鍋に適した料理は、カレーなどの煮こみ料理や、ブロック肉の調理、根菜類を使う豚汁やブリ大根などもあげられます。おいしくお米を炊くのにも使えます。

気体を大量に発生する重曹や揚げ物は、高温・高圧になりすぎて危険です。また、きんぴらごぼうのような、歯ごたえを楽しみたい料理にも不向きです。

圧力鍋に適した料理、適さない料理

	種類	例
圧力鍋に適した料理	ブロック肉を使うもの	豚の角煮、チャーシュー
	根菜類を使うもの	豚汁、ブリ大根
	豆を使うもの	五目豆、赤飯
	スープの多いもの	シチュー、カレー
	その他	ふかし芋、骨まで食べたい魚など
圧力鍋に適さない料理	歯ごたえを楽しむもの	きんぴらごぼう、葉物野菜
	炒めご飯	チャーハン、バターライス
	麺類	パスタ
	揚げ物	天ぷら

気体を大量に発生する重曹の使用や揚げ物は、高温・高圧になりすぎて危険です！

Lesson_2 20

IHクッキングヒーターはどうやって鍋を加熱するの？

火ではなく、電気を使って鍋を加熱するしくみ

物は電流が流れると発熱します。例えば、電流が流れている家庭のコードでもわずかに発熱しています。電気製品のところではもっと発熱しています。電流が流れると発するこの熱を「ジュール熱」とよんでいます。

クッキングヒーターで鍋を加熱できるのは、鍋が発熱するからです。その発熱は、鍋の底に渦(うず)電流が流れることで生じます。では、なぜ鍋の底に渦電流が流れるのでしょうか。

そこに登場するのは**「電磁誘導」**という現象です。クッキングヒーターの内部には太い鉄芯に巻かれたコイルが入っています。鉄芯に巻いたコイルに電流を流したものが電磁石です。コイルに電流が流れると電磁石になり、そのまわりに磁気が働く空間である磁場（磁界）ができます。

このときの磁場は毎秒約６万回で強くなったり弱くなったりして変化しています。変化している磁場の近くに金属板（鍋の底）があると、そこに渦電流が流れます。こうして発熱するのです。

クッキングヒーターでは毎秒約６万回も振動する高周波を使っているため、効率よく誘導電流が発生します。そして、磁場の変化を受け取るものが金属板の場合は、渦状の電流、つまり渦電流をつくります。これが結果として熱に変わるというわけです。

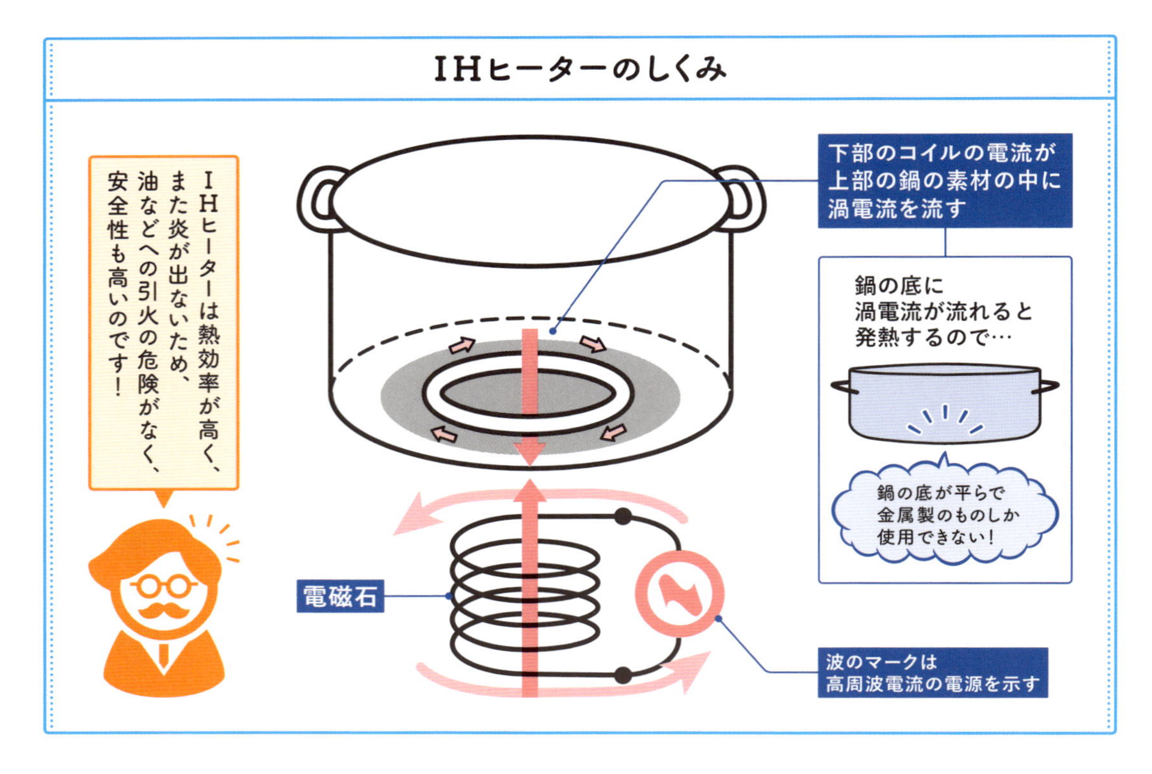

※１：IHとはInduction Heating（誘導加熱）の略です。IHクッキングヒーター（電磁調理器ともいう）とは、電磁誘導によって電流を発生させ、その電流によるジュール熱で加熱する調理器のことです。

『快適生活』にあふれる科学

Lesson_3 21

日本の硬貨には どんな金属が使われているの？

金属のさまざまな分類

圧倒的に多い金属材料は鉄鋼で、鉄鋼以外を非鉄金属といいます。金属は見方によって、さまざまな分類ができます。

貴金属

空気中でも安定で金属光沢を失わない金属

例 装飾用に用いられる金、白金（プラチナ）、銀など

さびない ⇔ さびる

卑金属

空気中で簡単にさびる金属

例 鉄鋼、銅、ニッケル、アルミニウム、鉛、亜鉛、スズなど

軽金属

密度が１立方センチメールあたり４ないし５以下のもの

例 アルミニウム、チタン、マグネシウムなど

軽い ⇔ 重い

重金属

軽金属より密度が大きいもの

例 鉄、クロム、ニッケル、銅、亜鉛、鉛、スズなど。金属材料として利用されるほとんどのもの

金属が持つ３つの特性とさまざまな分類

元素周期表には現在、118種類の元素が並んでいます。その約８割は金属元素です。金属元素だけからできた物質のグループを金属といいます。

金属には、**特有の光沢（金属光沢）を持つ、電気や熱をよく通す、**引っぱれば延び、たたくと広がる**延展性がある**といった、３つの共通の特性があります。

例えば、金属が持つ金属光沢のほとんどは銀色で、例外は金の金色や銅の赤がね色です。

また金属は、見方によって上図のように、いろいろな分類ができます。

金属でよく使われるのは鉄、銅、アルミニウム

鉄は、建築材料から日用品にいたるまで、最も広く利用されている金属です。鉄がすぐれた性質を持つ合金をつくることも用途が広い理由の１つです。炭素の含有率が0.04～1.7％の鋼がその一例で、強じんなために鉄骨やレールなどに用いられています。

銅は赤みをおびたやわらかい金属で、熱をよく伝え、電気をよく通します。このために、電線などの電気材料に広く用いられています。電線は銅の需要の約半分を占めています。

アルミニウムは、軽量で加工しやすく耐食性もあることから、車体や建築物の一部、カ

※１：アルマイト加工とは、アルミニウムを陽極で電解処理することで人工的に酸化皮膜を生成させ、表面を保護する表面処理のことです。1929年に日本の理化学研究所において発明されました。

ン、パソコン・家電製品の筐体など、さまざまな用途に使われています。アルミニウムが耐食性を持つのは、空気中で表面が酸化されて、酸化アルミニウムの緻密な膜（酸化皮膜）が内部を保護するからです。

また、アルマイト加工※1をすることで酸化皮膜を人工的に厚くして、さらに耐食性を高めている場合もあります。（例えば、鍋などの容器材料や、アルミサッシなどの建築材料です）。

ある金属に、他の金属元素、あるいは炭素、ホウ素などの非金属元素を添加して、融かし合わせたものを**合金**といいます。

合金の例として、ステンレス鋼を紹介しましょう。

さびない鉄の製造は長いあいだ人類の夢でした。19世紀末にその夢をかなえたのが、特別な処理をしなくてもさびにくい金属『ステンレス鋼（ステンレススチール）』です。ステンレス鋼は、鉄にクロムとニッケルを加えた合金です。

ステンレス鋼がさびにくいのは、表面にできる非常に緻密な酸化皮膜（さび）が内部を強く保護するからです。

さびにくい特性によって、包丁やシンクなどのキッチンまわり、自動車のエンジンから原子力発電施設まで、幅広く普及しています。

サイエンス Column

バリウムが白いのは化合物のため

金属元素であるカルシウムやバリウムは何色をしているでしょうか。正解は、ともに「銀色」です。

カルシウムやバリウムは白色のイメージを持つ人が多いですが、それは「○○カルシウム※2」、「○○バリウム※3」といった他の元素との化合物が白色だからです。金属そのものは光沢を持っています。

日本の硬貨に使われている金属

 アルミニウム アルミニウム100% **アルミニウム貨**	 黄銅（真ちゅうともいう） 銅60%＋亜鉛40% **黄銅貨**	 青銅 銅95%＋亜鉛3～4% ＋スズ1～2% **青銅貨**
 白銅 銅75%＋ニッケル25% **白銅貨**	 白銅 銅75%＋ニッケル25% **白銅貨**	ニッケル黄銅 銅72%＋ニッケル8% ＋亜鉛20% **ニッケル黄銅貨**

同じような色の硬貨でも、使われる金属が同じものと異なるものがあるのですね！

※2：例えば、炭酸カルシウムなど。
※3：例えば、胃のX線検査で飲む硫酸バリウムなど。

Lesson_3 22

抗菌グッズは本当に効果があるの？

抗菌グッズにはさまざまな種類や効果がある

抗菌とは、文字通り「菌に対抗する」という意味です。

菌に対抗するという意味のことばには、**殺菌**（菌を殺す）、**除菌**（菌を取り除く）、**滅菌**（すべての菌を殺す、または取り除く）、**静菌**（菌の増殖を抑える）などがあります。

抗菌グッズとは、製品に**消毒剤や抗菌作用のある物質を混ぜて、弱い殺菌能力を持たせたもの**のことです。元は医療用に開発され、感染症を防ぐことが主な目的でした。

しかし、腸管出血性大腸菌O-157の全国的な流行がきっかけとなり、除菌に対する注目が高まり、多くの抗菌グッズが誕生しました。

日常生活において、菌の繁殖によって困ることはさまざまあります。例えば、台所の流しのヌメリは菌の繁殖によるもので、いやなにおいの元にもなりますね。これを殺菌するために、塩素系の殺菌・漂白剤を用いることがあります。

台所用品や、浴室用品そのものに抗菌作用を持たせることによって、掃除の手間を減らすことが期待できるものもあります。これらは菌の繁殖を抑えることにより、においの発生を防ぐなどの効果が期待できます。

衣類に抗菌作用を持たせたものもあります。汗をかいたあとなどに生じる、においの原因菌の繁殖を防ぐ効果があります。

さまざまな「抗菌グッズ」

台所用品・浴室用品

- 掃除の手間を減らす
- においの発生を防ぐ

プラスチックなどの樹脂に抗菌成分を練りこむ

長いあいだ効果が続く

布製品

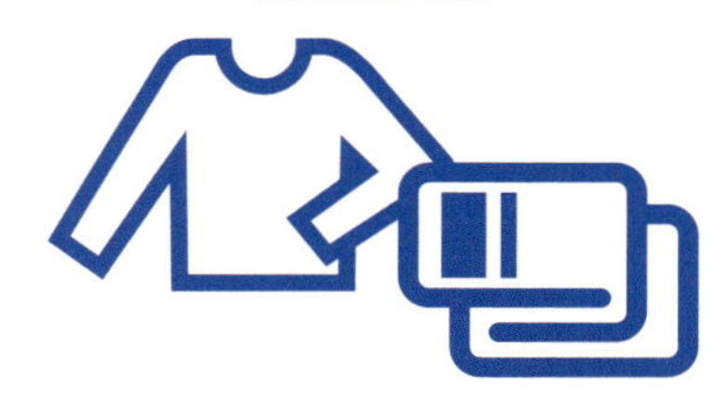

- においの原因となる細菌の繁殖を防ぐ

後から抗菌成分を噴霧したものもある

洗濯を繰り返すと効果が薄れてしまうことも

抗菌グッズは善玉菌まで排除してしまう

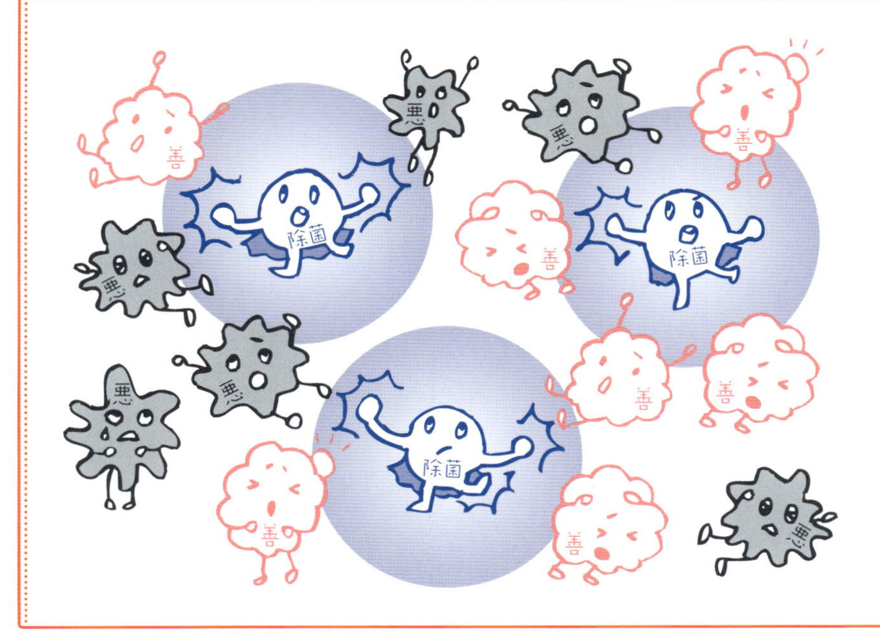

抗菌グッズを使いすぎると健康に影響を及ぼすことも

私たちの体には、多くの種類の菌が日常的に存在しています。体内の菌として、腸内細菌がよく知られていますね。これらは**常在菌**といいます。常在菌は人の都合で「善玉菌」と「悪玉菌」に分類されています。善玉菌は健康維持に貢献しています。

抗菌グッズと関係が深いのは、皮膚にいる細菌類です。皮膚には1平方センチメートルあたり10万匹の菌がいるといわれています。

抗菌グッズによっては、皮膚に存在する善玉菌まで殺菌されてしまうことが考えられます。**薬用せっけんや除菌アルコールの使いすぎは、肌の細菌バランスを崩し、悪玉菌を繁殖させることにつながる危険がある**といわれています。

数種類の菌でバランスを保っていると、新たな菌が侵入してきても定着できないことを、**拮抗現象**（きっこう）といいます。抗菌グッズを過度に使うと、常在菌のバランスが崩れ、病原菌の侵入を許してしまう危険性があります。

さらに、中途半端な殺菌は、**その抗菌作用に対して、病原菌が耐性を持ってしまう**ことがあります。それにより抗生物質などが効きにくくなることが考えられます。

サイエンス Column

抗菌グッズは本当に菌を殺す？

抗菌グッズは、私たちに都合の悪い菌だけを殺すことはできません。研究者の中には、抗菌グッズは気休めどころか、逆に害になると考える人もいます。

見えない菌に対して、必要以上に恐怖心を持ち、むやみに殺菌することを考えるのではなく、有用な常在菌の存在を理解し、うまく共存することが大切です。

Lesson_3
23

紙おむつはなぜたっぷり吸収しても漏れないの？

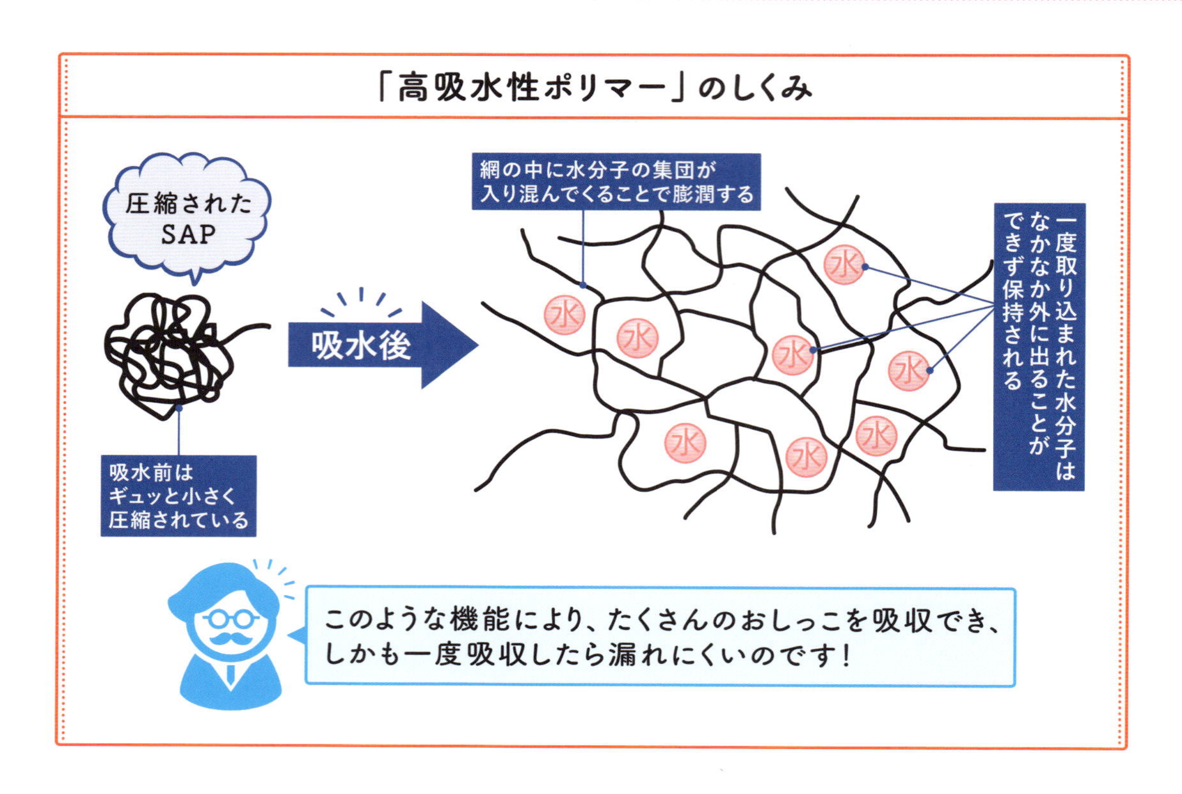

おしっこを漏らさない紙おむつのしくみ

たくさんのおしっこを吸収しても漏れない紙おむつは、３つの層からできています。

まずは肌を守る表面シートです。吸水性と吸汗性にすぐれたポリオレフィン※1という材料を使い、肌をサラサラに保つとともに、おしっこが逆戻りしない働きをしています。

２層目がおしっこをしっかり受けとめる吸水材です。この吸水材のなかに、**おしっこを大量に吸水・保持できる「高吸水性ポリマー」(Superabsorbent Polymer：通称「SAP」)** が使われています。

３層目が防水材です。液体を漏らさずに、湿気だけを外に逃がす工夫がされています。

私たちの生活に役立っている「高吸水性ポリマー」

おしっこが漏れない秘密はSAP※2にあります。

SAPは、編み目がはいった小さなつぶ状の「機能性化学品」で、**自分の重さの100～1000倍もの水を吸収します。** 水をかかえこむ大きな網は、水を吸収する前はギュッと小さく圧縮されていますが、水を吸収し始めるとどんどんと広がり、多くの水を蓄えることができます。吸水性、膨潤性、保水性にすぐれた特長があります。

※１：ポリオレフィンとは、ポリエチレンやポリプロピレンなど、水素と炭素のみから構成される高分子化合物の総称です。
※２：日本触媒という会社を筆頭に、日本の企業が世界シェアの40％超を占めています。日本の化学技術が世界の子育てや介護に大きな貢献をしているといえるでしょう。

また、**吸収した水（おしっこ）はジェル状に固まることで、おむつを押しても漏れにくくなっている**のです。

以前のおむつは、綿をしきつめたぶ厚い布おむつが一般的で、肌触りもよくありませんでした。SAPの登場で、紙おむつは薄く使いやすくなり、水分の吸水率も飛躍的に高まったのです。

以前は、おむつを頻繁に取りかえる必要がありましたが、それを不要にしたSAPは、おむつの歴史を変えたといえます。

SAPは、紙おむつや生理ナプキン以外にも、さまざまなものに使われています。

例えば、使い捨てカイロです。カイロは中の鉄粉が空気中の酸素と水が化学変化するときの熱で温かくなります。この反応をうながすために使われている食塩水を、SAPにふくませているのです。

ほかにも芳香剤や保冷剤、ペット用の室内トイレシートや猫砂にも使われています。変わったものでは、SAPを使った「土のう」があります。災害時に水がしみこむことで、すばやく膨張します。土を使った土のうに比べて、膨張させる前は薄くて軽いため、保管スペースをとらないことが特長です。

このように、SAPは私たちの生活を便利に、より快適にするすぐれものなのです。

サイエンス Column

紙おむつが砂漠の緑地化に役立つ？

SAPはわずか1グラムで、水1リットルを吸収するので、植林のときに砂に混ぜて保水力を高めようという研究が進んでいます。SAPにふくまれた水は蒸発しづらく、砂漠の乾燥にも耐えることができます。

生分解性（せいぶんかいせい）※3の機能を追加することで、使用後の廃棄問題も解決しようとする次世代への研究もなされています。

豆腐もこんにゃくもSAPの仲間

これらはすべてゲルの仲間！

非常に小さいひも状のものが密集し、網目状につながっている

網目のすきまに水をふくみ、固体のようになっている

大部分が水なのに、固体のように固まったものをゲルといいます！

※3：生分解性とは、自然環境の中で微生物や酵素によって分解される性質のことです。また、生体内で高分子化合物を分解・吸収し無機物にすることです。環境に与える負荷が小さく、従来のプラスチックに代わる材料として期待されています。

Lesson_3 24 電子体温計はなぜ数十秒で測定できるの？

計測方法のちがいで体温を測る時間が異なる

水銀体温計は、体温計をワキの下にはさむとセンサーである水銀が温まって膨張し、指示温度が上がってきます。温度が上がる速さはセンサーの温度と体温の差に比例します。

しばらくすると温度の表示は一定になります[※1]。センサーの温度上昇は、体温に近づくにつれて遅くなりますが、それまで**きちんと実測する必要がある**ため時間がかかります。

一方、電子体温計はスイッチを入れて、ワキの下に挟むとすぐにピピッと音がします。測定時間は、機種によってちがいますが、10秒から30秒くらいのものが多いようです。

電子体温計のセンサーは体温計の先端部分に取りつけられていますが、数十秒の測定時間ではセンサーの温度は体温に達しません。表示された体温は、数十秒のうちに得られた温度の変化から、**計算によって求めた予測値**なのです。

最近では、耳穴に当てて鼓膜とその近くの温度を測るものや、おでこに体温計を向けてボタンを押すだけで測定できる商品もあります。こうした体温計は非接触体温計とよばれ、肌にふれずに最短１秒で測定できます。

私たちの体からは赤外線が出ています。この体温計は、**耳の奥にある鼓膜やおでこから出る赤外線量を測定する**ことで体温を測っているのです。

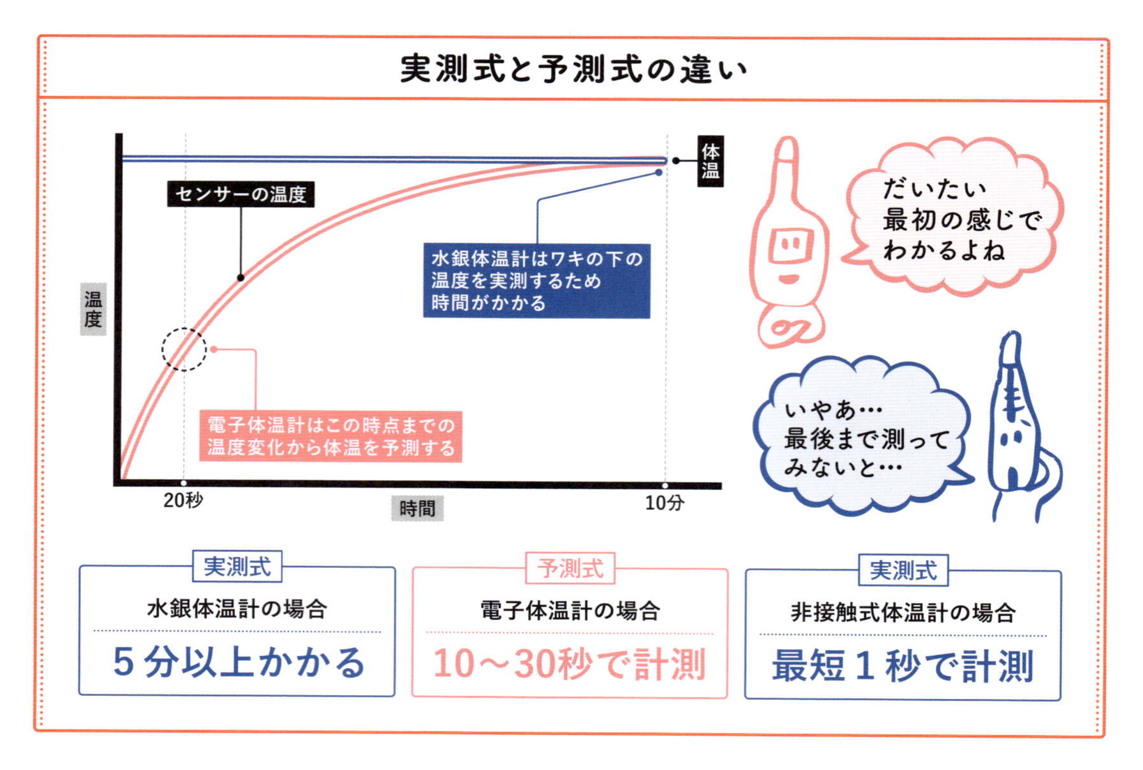

※１：理論的にはいつまでたってもセンサーの温度は体温になりません。しかし、センサーの温度変化が温度計表示の最小値（分解能）以下になると表示温度の変化が判別できなくなるため、この温度を体温としています。

Lesson_3 25 最近の水洗トイレは発電もしている?

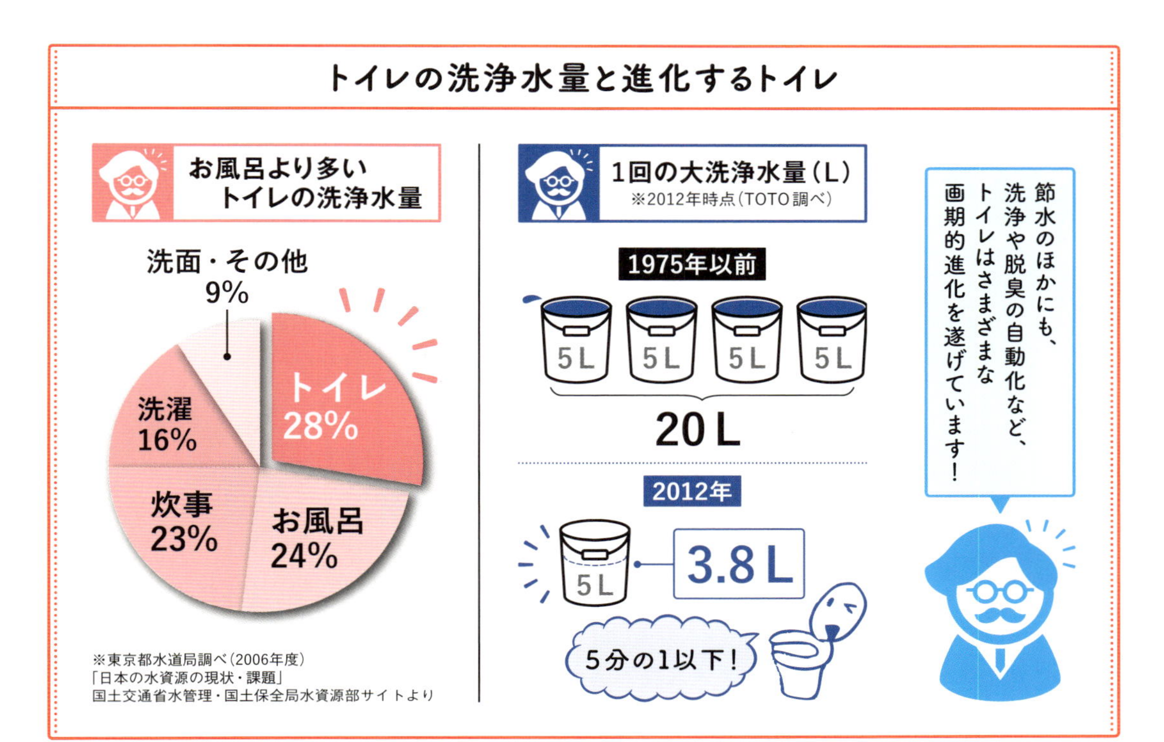

買い替えに値するコストパフォーマンス

家の中で使う水のうち、約4分の1の量がトイレで使われているといいます。一般的な家庭では1日に約250リットルの水を使い、そのうち60リットル以上の水をトイレに流していることになります。

最初に登場したタンク式の水洗トイレのタンク容量は、なんと1回分20リットル。一方で、最新式のものは3.8リットルにまで減らすことに成功しています。

少ない水量で流すために、直線的に流すのではなく、渦を起こして流すのが主流になっています。また、便器の表面がより滑らかで、ものがくっつきにくかったり、撥水性のある素材や表面処理をする工夫もされています。

今のトイレにすっかり標準装備されたのが、おしり洗浄機能です。さまざまな機能で快適さを生み出してくれます。

洗浄以外でも「個性的なトイレ」が生み出されています。それらに共通しているのは、「自動化」です。便座の蓋の開閉や、脱臭、流水まで自動化されています。

水流を起こしたり、自動化のためのセンサーを動かすには電気が必要です。そこで目をつけたのが、水力発電です。**トイレに流す水流を使って少しでも発電しようというもの**です。すでに実用化され、トイレ内のLED照明などに活用されています。

Lesson_3
26
「曇らない鏡」はなぜノーベル賞候補なの？

鏡を曇らなくするためのしくみ

鏡を温める

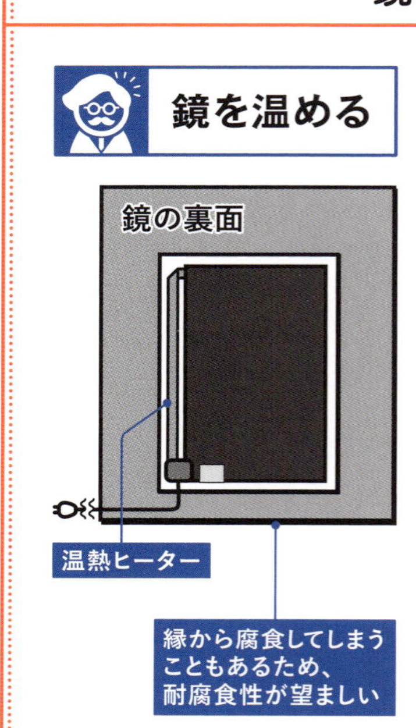

防曇鏡のしくみ

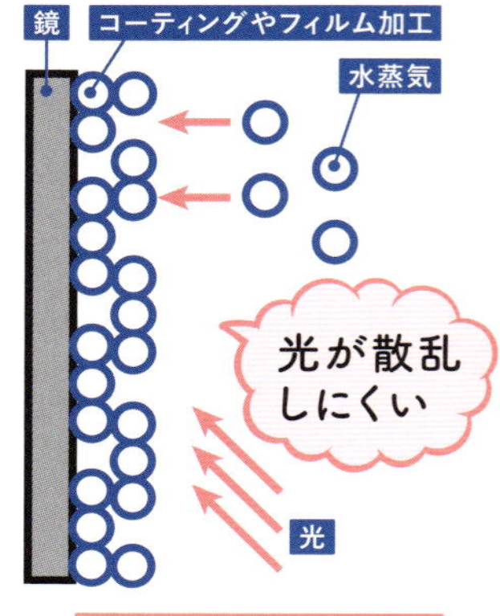

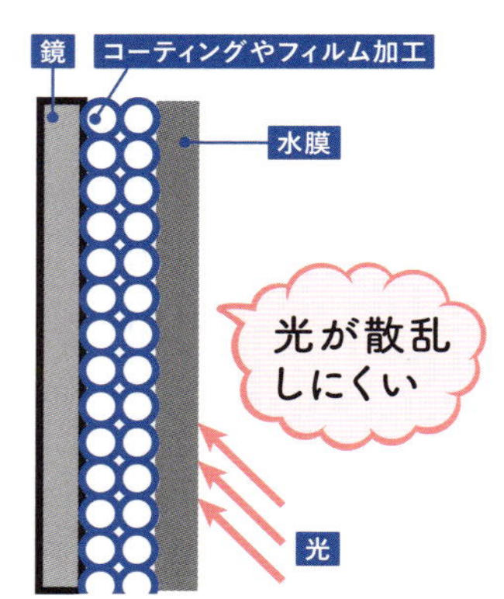

鏡が曇る原因とさまざまな曇り防止加工

お風呂や洗面所では、室温が湯温より低いため、目に見えない水蒸気が露点に達して凝結し、白い湯気となります。湯気が鏡に付着してさらに冷えると、細かい水滴となって結露し、曇りの原因になります。**水滴の乱反射で、鏡の鮮明な映りを妨げてしまう**のです。

鏡の曇りの原因が冷やされた湯気の水滴なら、**鏡を温めることで結露の発生を防ぐ**ことができます。

鏡を温めるには、温熱ヒーターを鏡の裏（銀引き面）に取りつける方法があります。

ただし、ヒーターを取りつけるだけでは、縁から腐食するなどの傷みが発生することもあるので、耐腐食性の高いものであることが望ましいでしょう。

表面に加工をして曇りを防ぐものもあります。このような鏡を**「防曇鏡（ぼうどんきょう）」**といいます。

鏡の表面に施した**特殊な保水効果によって、水蒸気を吸収し、光の散乱を防ぎます。**さらに、シャワーのお湯をかけると表面に水膜ができやすい性質があるため、曇りにくいのです。この性質によって水と結びつきやすくなり、親水性が高まるというわけです。

水泳などで使うゴーグルに水につけて曇りを取るように、光が散乱しにくくなるので曇らないというしくみです。

水膜が流れ落ちるときに汚れも一緒に流し

落とす「セルフクリーニング効果」も期待でき、曇りの原因となる水垢などの汚れの付着を抑制して、曇り止め効果を継続させます。

ノーベル化学賞候補「光触媒」への期待

車のドアミラーやビルの外壁などの曇り止めや汚れ防止に利用されているものに、**光触媒の超親水化技術**があります。

光触媒は、光の力を使い、自らは何も変化することなく、まわりのものを変える化学変化をもたらします。

酸素との化合物である酸化チタンは、光触媒の代表的な物質です。酸化チタンに紫外線が当たると、非常に水になじみやすくなり、表面に垂らした少量の水滴が、全面をごく薄く均一に覆うように広がります。

このため、水と仲が悪い油汚れは、水をかけるだけで浮き上がり、簡単に流し落とせるようになります。

日本のノーベル賞候補の1つともいわれているのが、この光触媒技術です。

太陽光のエネルギーを使用して空気や水などを浄化するほかにも、**ウイルスや細菌を殺菌・抗菌したり、クリーンな水素燃料を生み出したりと多くの可能性**を秘めています。

サイエンス Column

曇り止め効果は身近なものを使って

メガネなどの曇り止め剤は、水とアルコール、界面活性剤といった汚れと油を取る成分が使われています。つまりこれと同じような性質を持つものを使えば、曇り止め効果を得られることになります。

例えば、台所用洗剤やウーロン茶、アルコール、石鹸、卵白、文房具の水のり、新聞紙（インク油分が作用）などです。

光触媒のしくみ

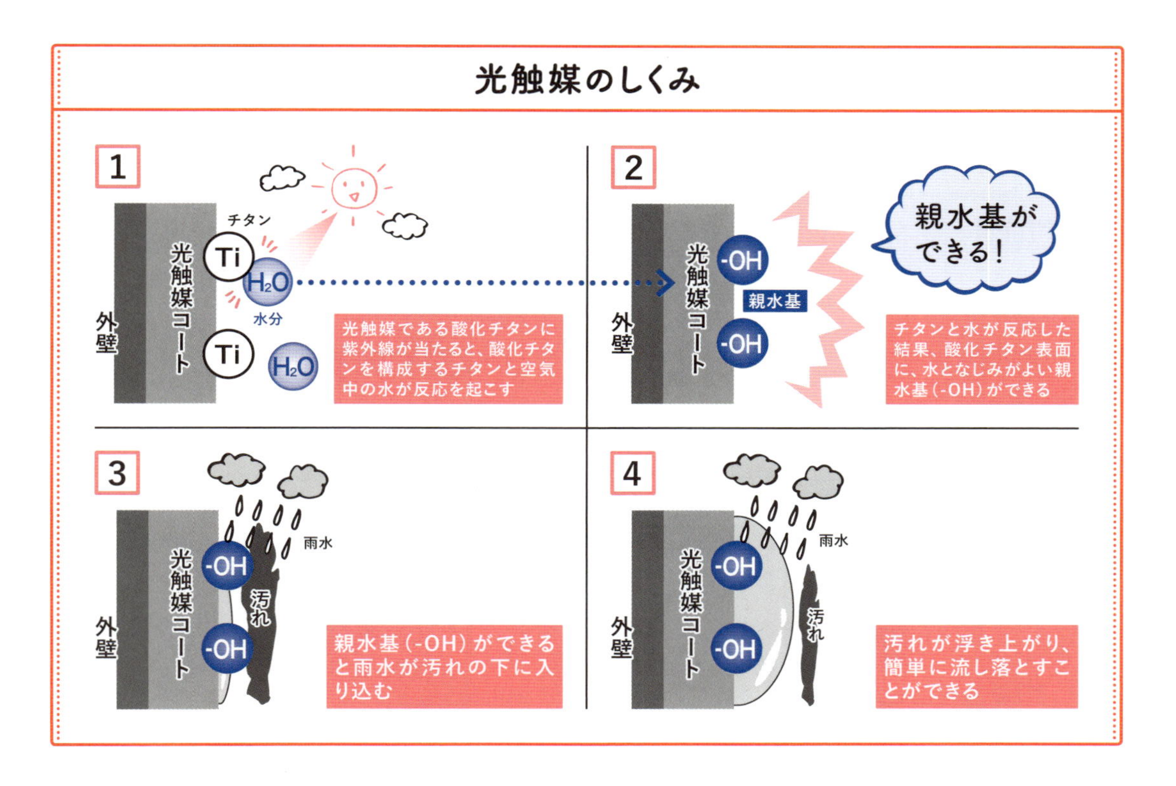

Lesson_3 27

炭酸ガスを出す入浴剤は効果があるの？

日本古来の薬湯の文化と入浴剤の歴史

日本は温泉大国であり、昔から温泉を病気やケガの治療に利用してきました。また、薬用植物などをお風呂に入れた薬湯が盛んにおこなわれ、現在でも５月の菖蒲湯(しょうぶゆ)※1や12月の柚子湯(ゆずゆ)※2などの風習が残っています。

戦前までは、自宅にお風呂がある家庭が少なく、入浴剤は銭湯などの公衆浴場で使用されることがほとんどでした。しかし1960年以降、高度経済成長にともなって内風呂が普及し、入浴剤も飛躍的に需要が高まりました。

1980年代になると炭酸入浴剤が販売され人気を集めました。炭酸入浴剤は温浴効果が高く、疲労・肩こり・腰痛・冷え症に効くとされています。

炭酸入浴剤に期待できる効果とそのメカニズム

日本浴用剤工業会によると、入浴剤は、①無機塩類系、②炭酸ガス系、③生薬系、④酵素系、⑤清涼系、⑥スキンケア系という６種類に分類することができます。

各種類によって温熱効果や洗浄効果、保湿効果、血行促進効果など期待される効能が異なります。炭酸入浴剤は、主に血行促進を目的とした入浴剤です。

炭酸入浴剤では、**二酸化炭素が血行促進の**

入浴剤の血行促進効果とそのメカニズム

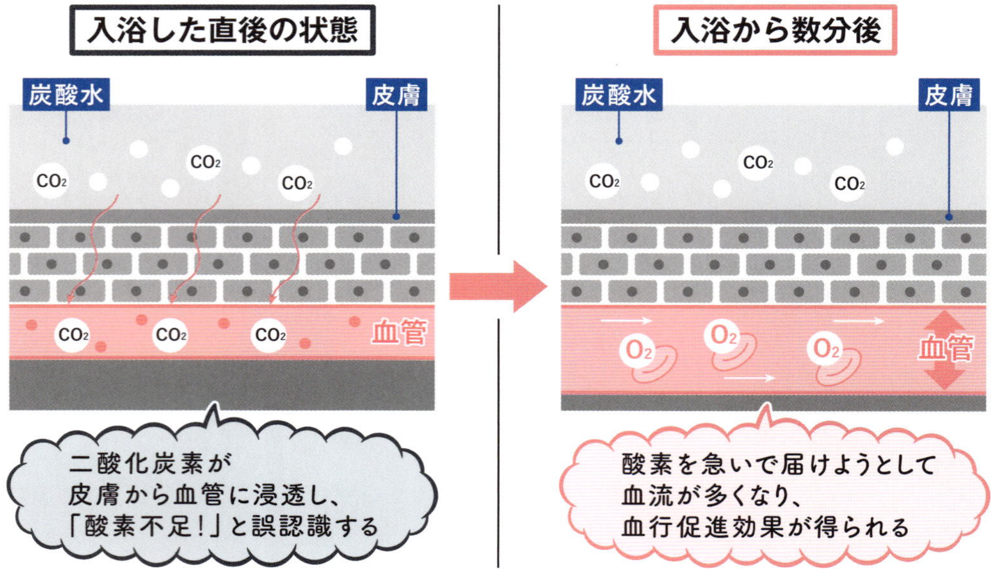

※1：菖蒲湯とは、５月５日の端午の節句の日にショウブの葉や根を入れて沸かすお風呂のことです。古くから邪気をはらう薬草とされ、とくに根の部分の精油（エッセンシャルオイル）に強い香りがあり、血行促進や疲労回復の効果を持つとされています。

入浴剤の効果を高める方法

効果が高まる		なぜなら
	入浴剤が発泡し終わってから、入浴する	発泡後、1～2時間は二酸化炭素が溶解した状態が続く
	ぬるめのお湯（37～38度）で入浴する	二酸化炭素の効果で体に負担をかけずに全身を温められる
	二酸化炭素濃度が高い入浴剤を使う	二酸化炭素による血行促進効果は、その濃度が高いほど大きくなる

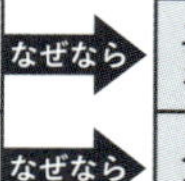

効果が低い		なぜなら
	入浴剤を入れたら、すぐに入浴する	二酸化炭素を体内に吸収するには、お湯に溶けている必要がある
	入浴剤の泡を、直接肌にあてる	入浴剤の泡を体にあてても、血行促進の効果はない
	熱めのお湯（41度以上）で入浴する	二酸化炭素は、お湯の温度が高いと溶けにくい性質がある

入浴のタイミングやお湯の温度を工夫すること、
また、二酸化炭素濃度が「高濃度」の入浴剤を選ぶことで
効果を高めることができます！

ために重要な働きをします。

まず、お湯に溶けた二酸化炭素は、皮膚から体内にしみこみます。二酸化炭素が増えると、体は酸素不足の状態であると認識します。そのため、けんめいに酸素を細胞に送りこみ、二酸化炭素を体の外へ運び出そうとします。その結果、**酸素や二酸化炭素を運搬している血液を、多量に循環させようと血管を拡げることになる**のです。

すると、皮膚は血行がよくなって赤くなってきます。また、全身の新陳代謝が促進されることになり、さら湯につかったときにくらべ、入浴後の体温が高いまま維持されます。このようにして、二酸化炭素は私たちの血行を促進させるのです。

二酸化炭素による血行促進効果は、その濃度が高いほど大きくなることがわかっています。実際に医療などで利用されている天然の炭酸泉は、お湯1リットルに対して二酸化炭素が1000ミリグラム（1000ppm）以上溶けたもので、「高濃度炭酸泉」とよばれます。

炭酸入浴剤で得られる濃度は100ppm未満といわれています。それでもまったく効果がないわけではありません。入浴のタイミングやお湯の温度を工夫する（コラム参照）、二酸化炭素濃度がなるべく高くなる入浴剤を選ぶことで、効果を高めることができます。

サイエンス Column
効果を高める入浴剤の使い方

二酸化炭素が体内に吸収されるためには、二酸化炭素がお湯に溶けている必要があるので、炭酸入浴剤が発泡し終わったあとに入浴します。1～2時間は二酸化炭素が溶解した状態が続くといわれています。

また、二酸化炭素は、お湯の温度が高いと溶けにくい性質があるので、37～38℃で入浴するのが効果的です。

※2：柚子湯とは、冬至の日に柚子を入れて沸かすお風呂のことです。柚子が持つ成分が血行を促進し、風邪の予防や冷え症対策になります。「柚子湯に入れば1年中風邪を引かない」ともいわれています。

体脂肪計はお風呂あがりに使うと誤差が出る？

体脂肪計や体組成計の正確な計測のポイント

1	食後２時間を経過していること
2	計測前に排尿、排便を済ませる
3	運動直後の計測は避ける
4	脱水やむくみのある場合の計測は避ける
5	気温低下時や低体温時での計測は避ける
6	発熱時の計測は避ける
7	原則として入浴直後の計測は避ける

（タニタのホームページより）

できるだけ同じ時間に同じ機器で継続的に計測を

現在広く普及しているデジタル体重計は、重みによって生じる金属フレームのゆがみを検出して測定しています。フレームにはセンサー（ロードセル※1）があり、そのデータからマイクロコンピュータが重さを算出します。

最近は、体脂肪率や筋肉量を表示してくれるものもあり、体脂肪計や体組成計といいます。**足の裏に当たるところに金属製のパッドがあり、微弱な電流を流し、流した電気の量と出てきた電気の量の差（電気抵抗値という）を測ります。**脂肪は電気を通しにくい性質があり、脂肪が少ないと体の中を電気が通りやすく、脂肪が多いと通りにくくなります。こうして、体に流れる電流の流れ方を計測するわけです。反対に、筋肉は電気を通しやすい部位で、同じ原理で骨格筋率を測定します。

ところで皆さんは、いつ体重を測ることが多いでしょうか。お風呂あがりに測っている人も少なくないでしょう。ところが、**体脂肪計や体組成計は体内の水分量や体温に影響される「電気の通りやすさ」で計測するため、お風呂あがりのタイミングは適していません。**

メーカーが推奨している測定のタイミングは夕食前の夕方だそうですが、毎回入浴前に測るなど、できるだけ同じ時間に同じ機器で継続的に測って、傾向をつかむ目安として利用するのがよさそうです。

※1：ロードセルは歪むことで電気抵抗が変化するため、抵抗の強さから重さを算出することができます。

ヒートテックはなぜ薄いのに温かいの？

人から出る水蒸気を吸ってそれが水になることで熱を出す

ヒートテックは「吸湿発熱繊維」という素材を用いた衣料です。吸湿発熱繊維とは、汗などの水分を吸収して発熱する繊維で、大手繊維メーカーがつくり、ユニクロや大型スーパーが独自ブランドで販売しています。ここではヒートテックをもとに説明しましょう。

人間の体からはつねに水蒸気が発散されています。私たちは、体が濡れると、その水分が蒸発するときに熱を奪われるため涼しく（あるいは寒く）感じます※1。その逆に、水蒸気が液体の水になるときには、まわりに熱を放出します※2。ヒートテックは、**人の肌から出ている水蒸気を吸収し、それが液体の水になることで熱を発生します。**水蒸気を吸収しやすい、つまり吸湿性が高い繊維だから、「吸湿発熱繊維」というわけです。

体熱や吸湿発熱で温められた空気を保持する（保温）ためには、空気を動きにくくする必要があります。ヒートテックは、肌が接する部分に綿より吸湿性が高いレーヨンを使い、その外側に髪の毛の10分の1の細さに加工されたアクリル（マイクロアクリル）を配しています。このマイクロアクリルを使うことで、繊維と繊維の間にできるエアポケット（空気の層）が大きくなるようにしています。**エアポケットによる断熱効果で、体熱や吸湿発熱による熱を外へ逃げにくくしているのです。**

エアポケットが断熱効果を発揮する

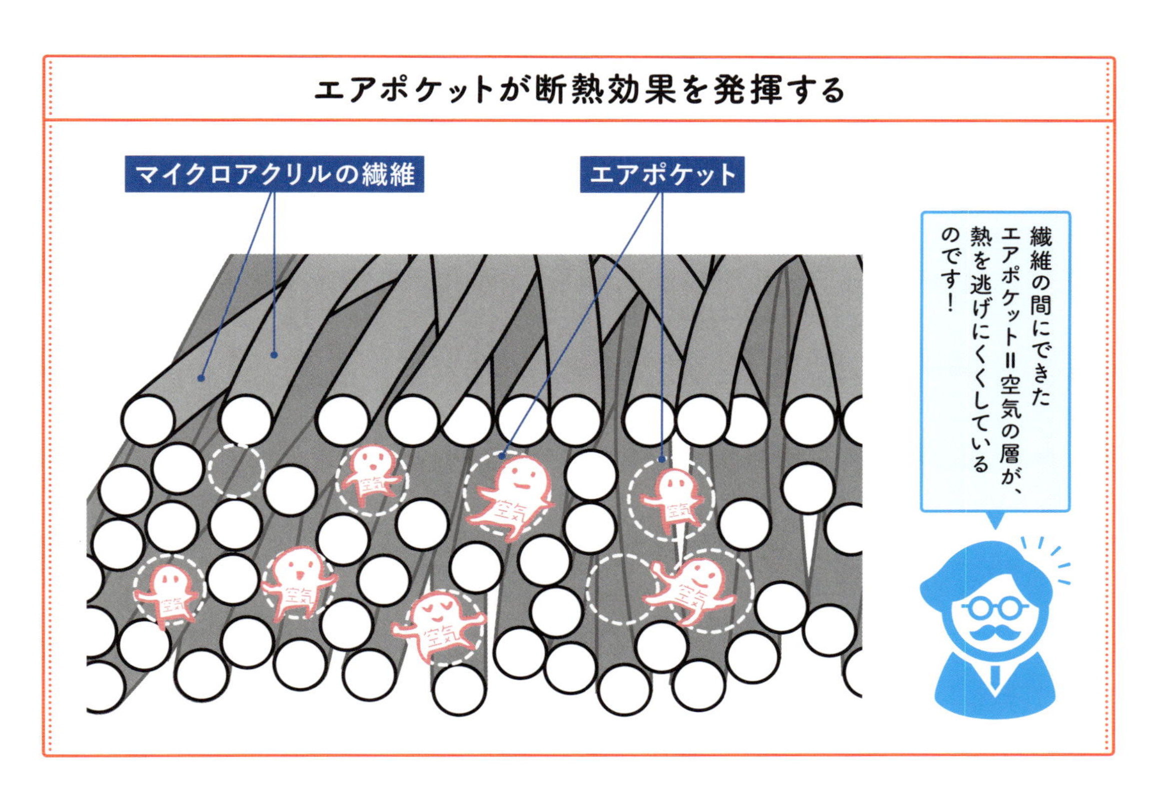

※1：液体が気体になるときにまわりから奪う熱のことを「気化熱（きかねつ）」といいます。
いつまでもぬれた体でいると風邪を引くのは、気化熱によって体温が奪われるからです。
※2：気体が液体になるときに放出される熱のことを「凝縮熱」といいます。

Lesson_3 30

「消せるボールペン」はインクを消すわけではない？

摩擦熱でインクを見えなくしている

これまでのボールペンインクは修正に手間がかかっていましたが、鉛筆のように手軽に利用することを可能にしたのが、フリクションをはじめとする「消せるボールペン」です。

消せるボールペンは、インクをはがして消すわけでありません。**インクが温度変化によって無色になる性質を利用し、「見えなく」している**のです。このインクは特殊なマイクロカプセルが色素の役割をしており、その中にふくまれている３種類の成分の組み合わせが温度変化で変わることで無色になります（下図参照）。このインクの元の材料『メタモカラー[※1]』は、色の変化によってビールやワインのおいしい飲み頃を示すラベルなど、さまざまな製品の示温剤として使われています。

どのようにして温度変化を起こすかというと、ボールペンの後部についている専用ラバーで擦（こす）ることで発生する摩擦熱です。温度は約60℃以上にもなり、設定された消色温度を超えると、インクの色が無色に変わるのです。インクの特性から、常温に戻してもインクの色が復活することはありません。また、消した箇所で繰り返し筆記することが可能です。

しかし、温度変化を利用しているために、書いた紙は温度に気をつける必要があり、夏場の車の中など60℃近い温度になる場所に置くと消えてしまうこともあります。

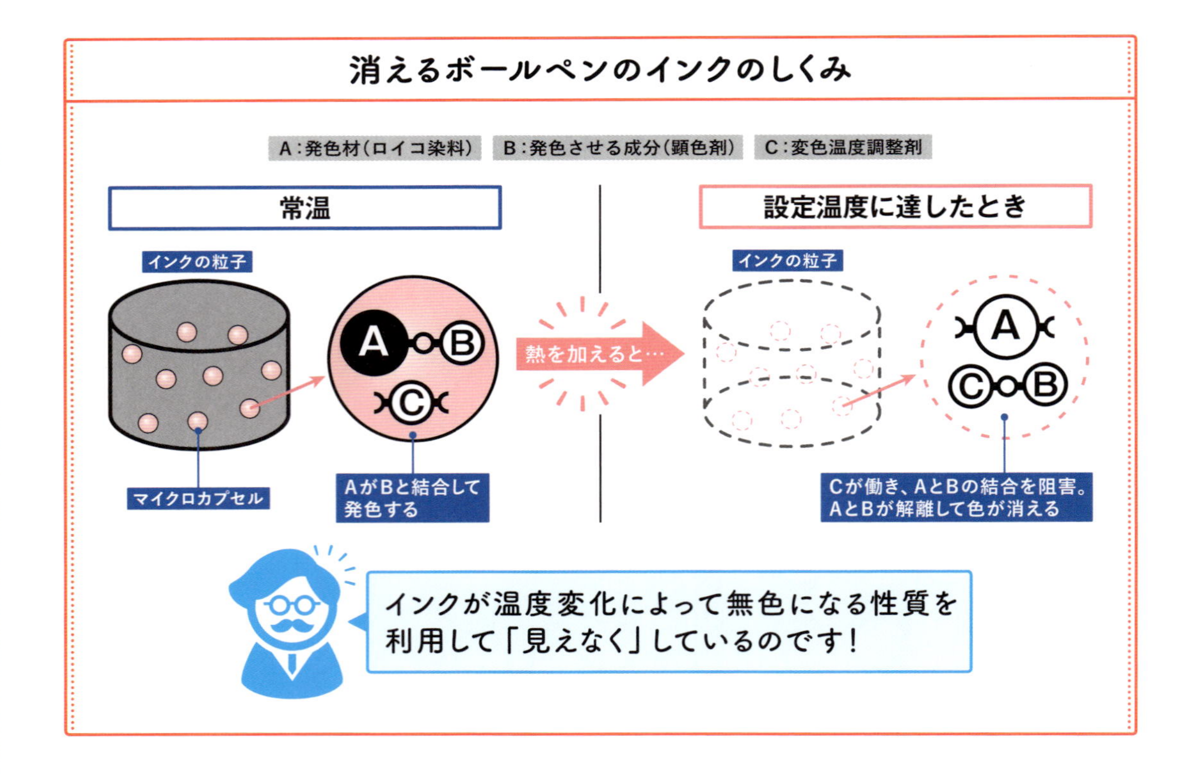

※１：インクの名前『メタモカラー』は、「変態・変身」を意味するラテン語の「メタモルフォーゼ」に由来します。

『健康・安全管理』にあふれる科学

Lesson_4 31

紫外線はカルシウムの吸収を助ける？

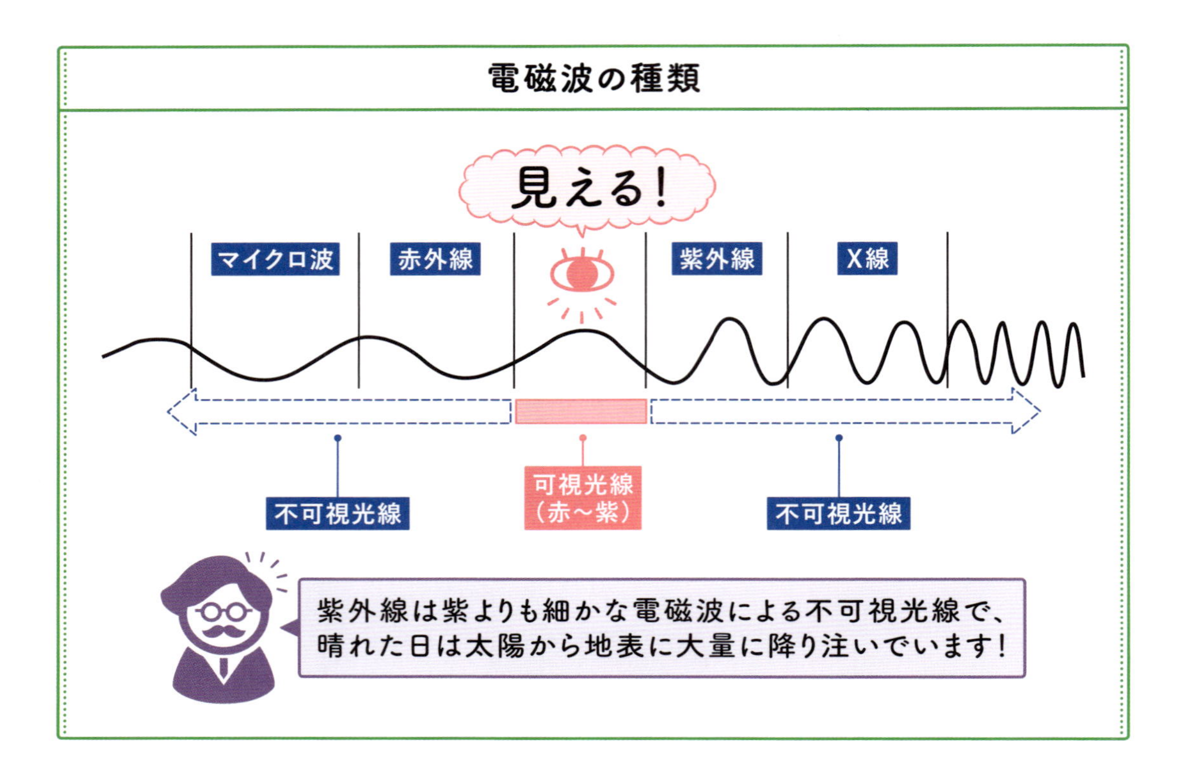

紫外線は紫よりも細かな電磁波による不可視光線

私たちは日々さまざまな光を目にしていますね。光には目に見える光（＝可視光線）と、目には見えない光（＝不可視光線）があります。光はすべて「電磁波」の一種で、人の目に見える光は赤から紫までの色です。赤よりも波長が長い波と、紫よりも波長が短い波の光は人の目には見えません。

紫外線は紫よりも細かな電磁波による不可視光線で、晴れた日は太陽から地表に大量に降り注いでいます。

紫外線は人に対して２つの効果をもたらします。ひとつは、核酸※1などに化学変化をもたらす効果です。これは生物にとって悪い影響です。もうひとつは、皮膚内でビタミンDを生じる効果です。これは人にとってなくてはならないものです。

紫外線が持つメリットとデメリット

私たちの体にふくまれる物質が紫外線を吸収すると、本来の働きを失うことがあります。**DNAが紫外線を受けることで変化し、DNAにふくまれる遺伝子が働きを失うか、別の働きを持つものに変化してしまう**のです。少量の紫外線であればDNAは修復されてとくに問題はありませんが、量が多いと炎症を起こし

※１：核酸とは、生物の細胞にふくまれるDNAやRNAのことです。DNAは遺伝子としての情報をになう重要な物質で、おもに細胞の核にふくまれます。RNAはDNAが働くときに必要な物質です。

たり、細胞が死んだり、がん化するといった影響が出ることが知られています。

人の肌の色を決定する要素のひとつにメラニン色素※2があります。皮膚の表面近くにあるメラニンは、紫外線を吸収し、皮膚の内部に透過させない働きをします。皮膚は紫外線を受けることが刺激となってさらに多くのメラニンを合成し、肌の色を濃くします。これが「日焼け」です。**「日焼け」には赤く腫れあがるタイプのものもあり、こちらは紫外線によって皮膚の下にある血管が炎症を起こして腫れあがります。**

また、皮膚の内部にあるコラーゲンなども、長時間紫外線に当たることで変化し、皮膚の弾力性が低下したり、目の細胞が変質することで視野が白濁する白内障を引き起こす原因にもなります。

現代人に不足しがちな栄養素のひとつに、カルシウムがあります。カルシウムはビタミンDの助けを得て体内に吸収されますが、このビタミンDの生成に紫外線が大きくかかわっています。私たちの皮膚にあるプロビタミンD※3が、紫外線によってビタミンDに変化するのです。ビタミンDはカルシウムイオンの吸収をうながし、血液中のカルシウムイオン濃度を高くします。つまり、**骨を強くするためには適度な日光浴が必要**なのです。

サイエンス Column

紫外線対策には日焼け止めやサングラスを

紫外線の肌への悪影響を防ぐためには、市販されている日焼け止めを使うのがおすすめです。日焼け止めは、紫外線を吸収する、あるいは反射することで、皮膚に達する紫外線の量を減らす効果があります。

また、目にはサングラスが効果的です。紫外線対策として、上手に活用するとよいでしょう。

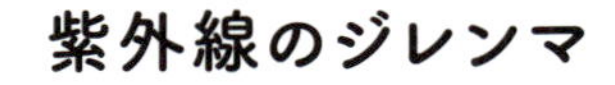

紫外線のジレンマ

※2：メラニン色素とは、皮膚の表面近くや毛髪、眼の虹彩（いわゆる「黒目」の部分）にふくまれる濃い茶色の色素のことです。
※3：プロビタミンDは、ビタミンDによく似た形をしていますが、ビタミンDの働きは持たない物質のことです。

Lesson_4
32
栄養ドリンクはどのくらい効果があるの？

どの栄養ドリンクにもふくまれる「ビタミンB群」

毎日の疲れがたまり「もう限界」というときに手に取りたくなるのが栄養ドリンクです。

最近は、コンビニでもいろいろな種類の栄養ドリンクが入手できます。たくさんの種類があって迷ってしまいますが、分類すると大きく２種類に分けることができます。薬事法の制限を受ける「医薬品系栄養ドリンク」と、食品衛生法の規制を受ける「非医薬品系栄養ドリンク」です※1。規制緩和によって、コンビニでもさまざまな栄養ドリンクが売られるようになってきました。

「肉体疲労時」に利用する栄養ドリンクに共通しているのは、ドリンクの色が黄色の蛍光色であることと、容器の色が褐色ということです。これは何を意味しているのでしょうか。

どの栄養ドリンクにも必ずふくまれているのが「ビタミンB群」です。**ビタミンB群は、摂取した糖質やタンパク質の代謝を助け、エネルギーを効率よく取り出すために必要なものです。**

ビタミンB群を多くふくむ食品は、レバーやうなぎです。疲れがたまったときに食べる習慣がある食品ですから、納得できますね。

では、なぜ容器の色は褐色なのでしょうか。じつは、ビタミンB群は光に当たると分解されてしまいます。ですから、光をさえぎるために褐色の瓶に入れているというわけです。

栄養ドリンクの黄色の元はビタミンB群

※1：薬事法とは、医薬品、医薬部外品、化粧品、医療機器の４種について安全性と、体への有効性を確保するための法律です。正式名称は、「医薬品、医療機器等の品質、有効性及び安全性の確保等に関する法律」といいます。

カフェインを含む主な製品や飲料

	1錠または1本あたりのカフェイン量		カフェイン1g相当量
眠気防止薬（第3類医薬品）	トルメリン	167mg	6錠
	エスタロンモカ錠	100mg	10錠
眠気覚しドリンク（清涼飲料水）	強強打破（50mℓ）	150mg	6.7本
	メガシャキ（100mℓ）	100mg	10本
エナジードリンク	モンスターエナジー（355mℓ）	142mg	7本
	レッドブル（185mℓ）	80mg	12.5本
嗜好飲料（200mℓ）	コーヒー	120mg	1.7ℓ
	煎茶	40mg	5ℓ

カフェインは一度に1グラム以上摂ると、
中毒症状が出るかもしれないから注意が必要です！

※カフェイン量は製品の添付文書、成分表、日本食品標準成分表2015年版による

覚醒作用や強心作用があるカフェインを添加

コーヒーにふくまれているカフェインにはさまざまな作用がありますが、とりわけ覚醒作用、強心作用、利尿作用、解熱鎮痛作用※2が有名です。

栄養ドリンクも、覚醒作用や強心作用を期待してカフェインを添加しています。目が覚めたり、意識をはっきりさせたり、興奮させることを「覚醒」といいます。疲れた体にはたしかに効きそうです。しかし**それは薬効ですから、極端にいえば「勘ちがい」に近く、根本的な改善にはなりません。**

以前、「栄養ドリンクの飲みすぎで死者が出たようだ」というニュースがありましたが、栄養ドリンクを短時間で何本も飲んだり、眠気覚ましをうたったカフェインの錠剤と併用する場合は、摂りすぎになり危険です。**カフェインは、一度に1グラム以上摂取すると中毒症状が出るとされ、吐き気やめまい、心拍数が上がるなどの症状におそわれます。**コーヒー1杯（200ミリリットル）にふくまれているカフェインが120ミリグラム程度ですから、8杯をガブ飲みする量ですね。また、錠剤には、コーヒーの数倍のカフェインがふくまれているものもあるので、注意しましょう。

サイエンス Column

過剰なビタミンB群が尿を黄色くする

人が1日に必要とするビタミンB群の量は数十ミリグラムですが、栄養ドリンクを飲むと過剰摂取になることがあります。

それによって何か副作用があるわけではありませんが、水に溶けやすい性質のため、尿に溶けこんで体外に排泄されます。栄養ドリンクを飲んだ後、尿の色がやけに黄色っぽくなるのはそのためです。

※2：多くの風邪薬にもカフェインがふくまれていますが、それは解熱鎮痛作用に期待してのものです。

水素水はただの清涼飲料水にすぎない？

水素水についてわかっている2つのこと

水素水にふくまれる水素はごくわずか

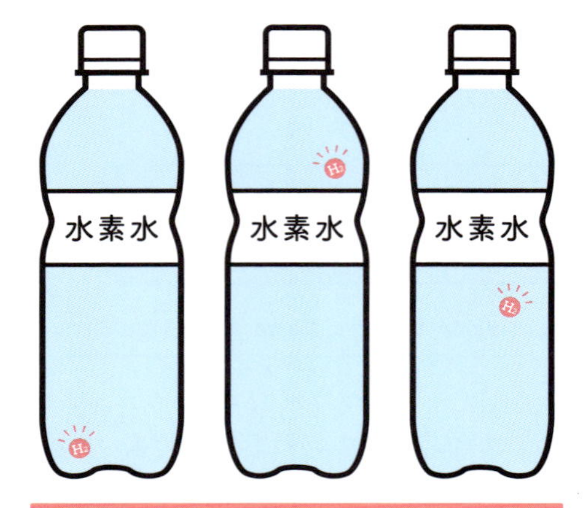

そもそも水素は水に溶けにくい

人での健康効果を示すデータはなし

現時点で巷で言われるデータはない

人での有効性を示す十分なデータはない

水素分子[※1]からできている水素ガスを水に溶かしたものが水素水です。水素は、亜鉛や鉄にうすい塩酸を加えると発生する気体です。水素の性質は、中学理科で学びます。

水素は、気体の中で最も軽く、空気中で燃えて水になり、水にとても溶けにくい性質を持っています。ですから、**水素水には水素がわずかしか溶けていません。**

水素水が注目されたのは、「水素ガスが有害な活性酸素を効率よく除去する」という研究が発表されたからです。この研究はラットという実験動物を使ったものでしたが、活性酸素の中で最も強い働きを持ったもの（ヒドロキシルラジカル）だけを除去するというのです。

水素を摂取するのには、水素ガスを吸引するという方法があります。しかし、水に溶かしたかたちが簡単ということで、大手の飲料水メーカーからも水素水が販売され、話題になりました。

国立健康・栄養研究所は、そのWEBサイトで【『健康食品』の素材情報データベース】を提供しています。現時点で得られている科学的根拠のある安全性・有効性の情報を集めたものです。

そのデータベースに、2016年６月10日に「水素水」も取り上げられました[※2]。その概

※１：水素分子は、原子の中でも非常に軽く小さい水素原子が２つつながっている気体です。水素水に溶け込んでいる水素分子は、時間の経過とともに空気中へと逃げやすい特徴を持ちます。

要が現在のところの水素水と健康についての的確な評価だと思われます。

詳しくはこのWEBサイトを見てもらうことにして、現在のところ、水素水について巷でいわれるような**「活性酸素を除去する」「がんを予防する」「ダイエット効果がある」「シミやシワに効果がある」などは、人での有効性で信頼できる十分なデータはない**ということです。

水素は体内で多量につくられている

そもそも**私たちの体内では、日常的に水素が多量につくられています。**つくっているのは、大腸にいる水素産生菌[※3]です。

大腸内の腸内細菌によって発生するガスは毎日7～10リットルもあります。おならとして外部に出てしまうもの以外の大部分は体内に吸収されて、血液循環に乗っていきます。

その中に、水素は少なくても1リットル以上あるでしょう。

水素水1リットルを飲んでも摂取できる水素はせいぜい数十ミリリットルですから、水素水を飲むよりもはるかに多いのです。ですから、水素水を飲んで摂取する水素の量はその誤差範囲でしょう。

サイエンス Column

健康効果をうたう水素水には要注意

飲料や食品は、健康効果をうたうことを医薬品医療機器法（薬機法）などで禁じられています。特定保健用食品（トクホ）や機能性表示食品であればある程度は可能ですが、水素水は清涼飲料水なのでうたえません。

しかし、国民生活センターは、水素水について違法とみられる表示や広告が目立つと注意をよびかけています。

水素水を飲まなくても体内に水素は十分ある

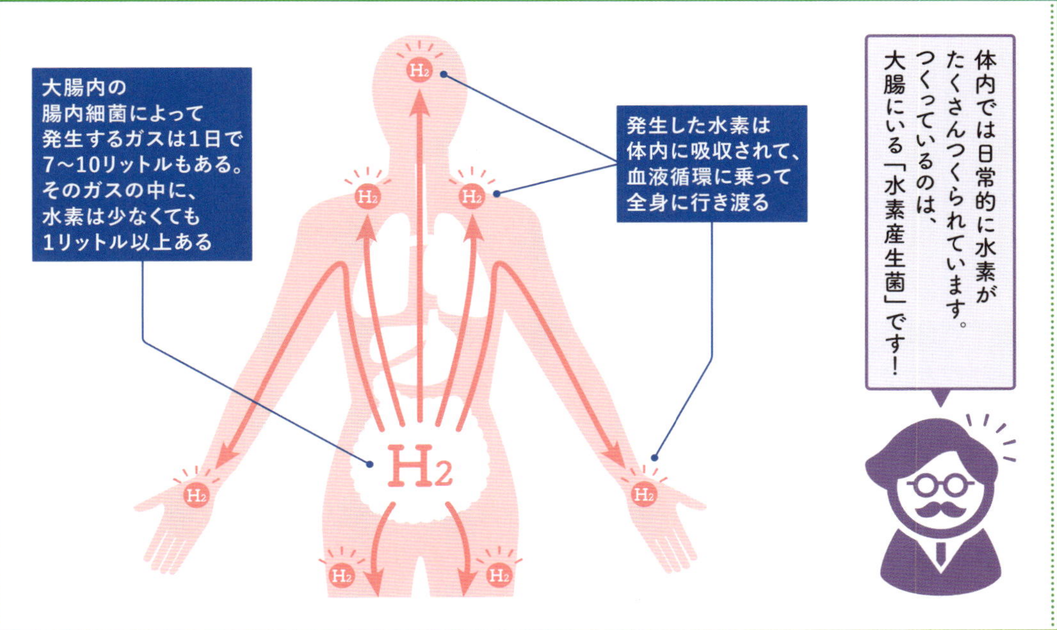

大腸内の腸内細菌によって発生するガスは1日で7～10リットルもある。そのガスの中に、水素は少なくても1リットル以上ある

発生した水素は体内に吸収されて、血液循環に乗って全身に行き渡る

H_2

体内では日常的に水素がたくさんつくられています。つくっているのは、大腸にいる「水素産生菌」です！

※2：【『健康食品』の素材情報データベース】http://hfnet.nih.go.jp/contents/detail3259lite.html
※3：水素産生菌とは、その名の通り水素を生産する菌です。

Lesson_4
34

「まぜるな危険」を混ぜたらどうなる？

塩素系の漂白剤と酸性の洗浄剤は単独で使う

家庭用の「洗剤」は、日常生活のさまざまな場面で活用されています。洗剤にはアルカリ性・中性・酸性のものが、漂白剤には酸素系・塩素系のものがあります（化学的作用による洗剤を「洗浄剤」といい、漂白剤は洗浄剤のひとつです）。

家庭用洗剤・漂白剤には、「まぜるな危険」というラベルがついていますが、漂白剤と洗浄剤は、どのような組み合わせにすると危険なのでしょうか。

塩素系漂白剤には、塩素化合物である次亜塩素酸ナトリウムがふくまれています※1。次亜塩素酸ナトリウムに次亜塩素酸よりも強い酸を混ぜると、塩素が出ます。通常はアルカリ性にしてあります。

塩素系漂白剤は、漂白する物質に触れるとゆっくりと塩素を放出し、対象の物質がその作用で漂白されるというわけです。ところが、そこに、**塩酸、クエン酸、酢酸などの酸を混ぜると一気に塩素が発生してしまいます。**

塩素系の漂白剤と、酸性の洗浄剤（塩酸をふくむものだけでなく、クエン酸・酢酸などの酸をふくむものすべて）は絶対に混ぜて使ってはいけません。同時に使用しなくても、後から振りかけるのも厳禁です。どちらも単独で使いましょう。

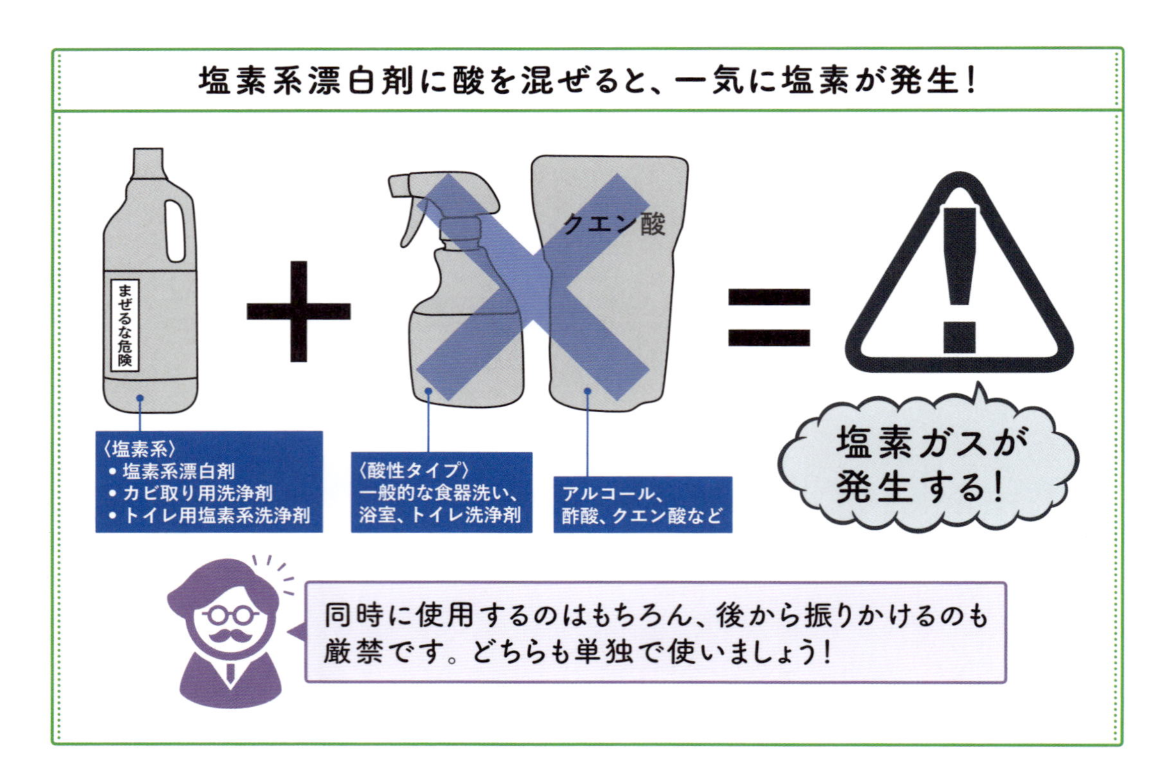

※1：塩素には強い殺菌力があり、身近なところでは水道水やプールで消毒に使われています。

かぜ薬はウイルスや細菌を退治するわけではない？

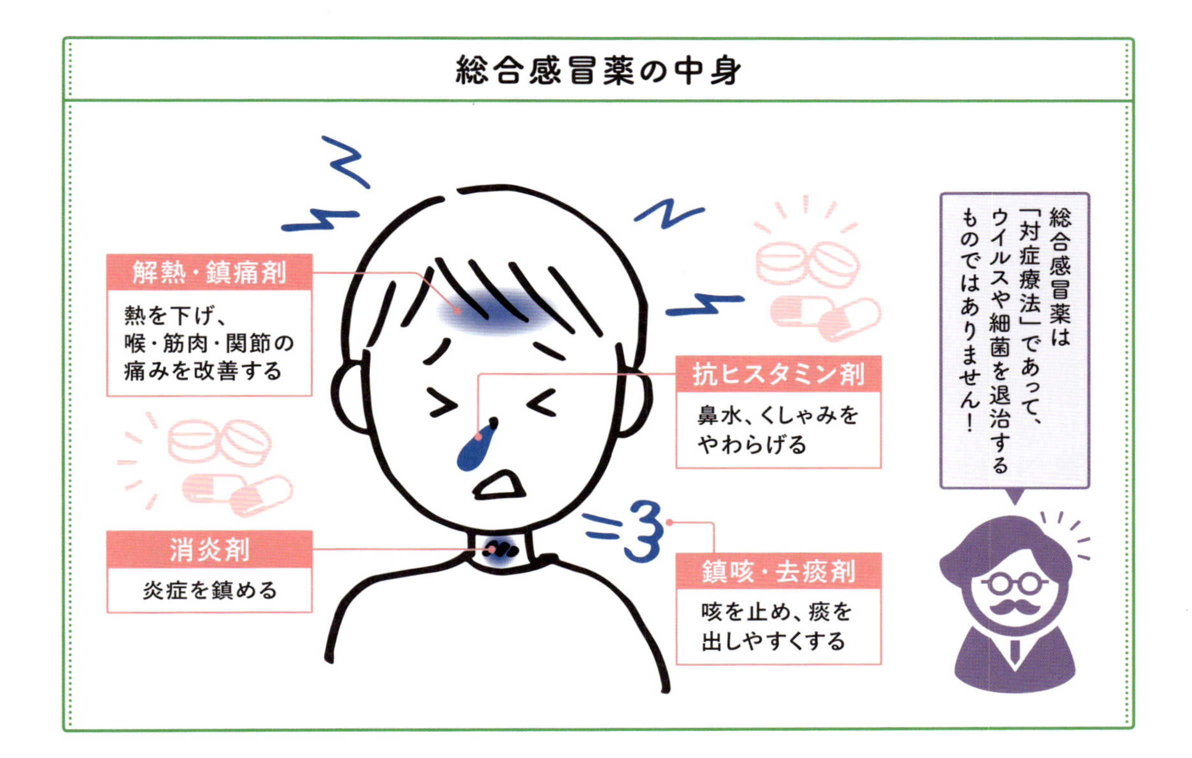

かぜ薬は症状をやわらげる対症療法でしかない

そもそも、かぜ（風邪・感冒※1）という「病気」は存在しません。かぜの正式名称は「かぜ症候群」といい、症状の組み合わせにつけられた名前です。医師のカルテには、症状によって「急性鼻咽頭炎」「急性咽頭炎」「上気道炎」といった言葉が書かれます。これはあくまで症状であって、かぜの原因はアデノウイルス、コクサッキーウイルス、そしてインフルエンザウイルスといったウイルスであることが多いといわれています。しかし、素人には細菌の感染症との区別がつけにくく、注意が必要です（ウイルスと細菌はちがいます）。

薬局で売られている総合感冒薬は、上図のようにいろいろな効果をもった薬が配合されています。いずれも症状をやわらげる「対症療法」で、**根本的に原因となるウイルスや細菌を退治するものではありません。**

病院では症状から、あるいはウイルスや細菌の迅速検査から、病気の原因となるウイルスや細菌がわかる場合があります。原因が細菌であれば、細菌の増殖を妨げる抗生物質が処方されます。

これに対して、ウイルスは私たちの体の細胞の中に遺伝物質（DNAやRNA）を送りこみ、自分の複製をつくらせて増えていきます。ですから、**基本的にウイルスに対しては抗生物質は効果がありません**※2。

※1：感冒とは、くしゃみ、鼻水、発熱、倦怠感などの症状を示す急性の呼吸器疾患のことで、普通感冒が「風邪」、流行性感冒が「インフルエンザ」などを指します。
※2：昔はかぜで病院にかかると、抗生物質が処方されることがよくありました。その理由は、症状が悪化して細菌による肺炎になることを恐れたことと、原因がウイルスではなかった場合に備えた予防的処置によるものといわれています。

Lesson_4

36 春にインフルエンザが流行するのはなぜ?

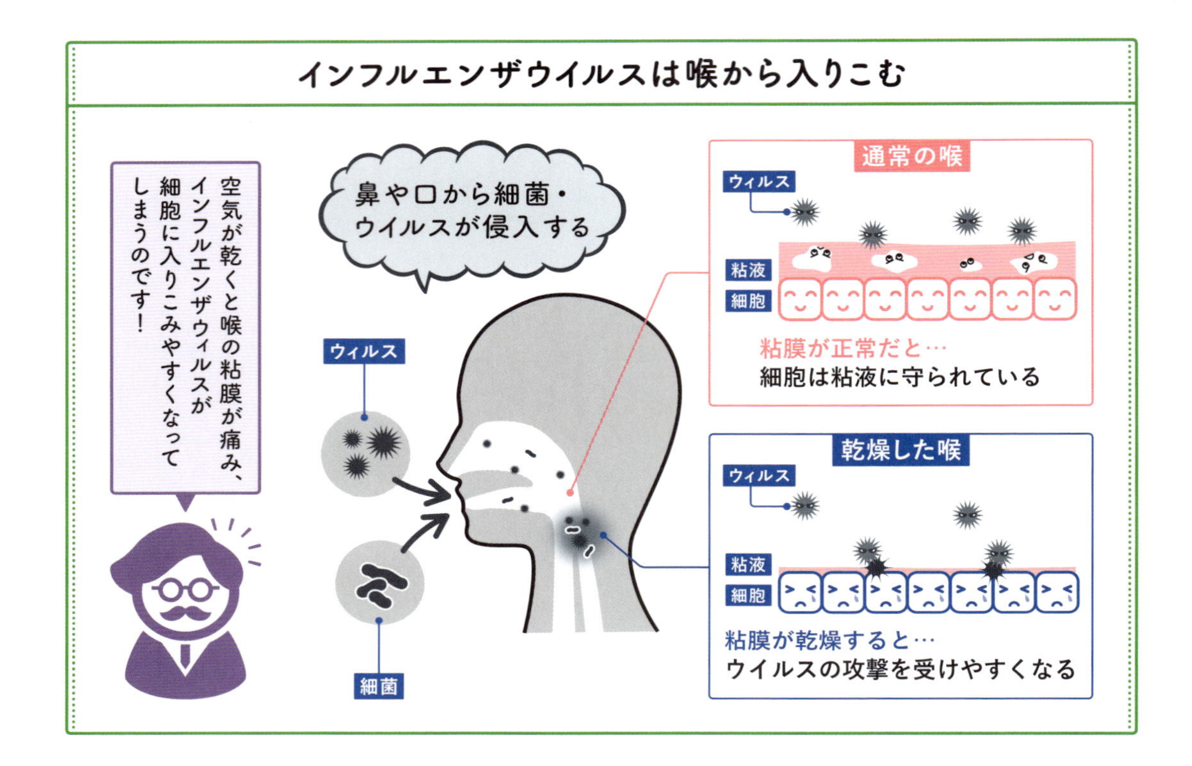

冬はウイルスが細胞に入りこむチャンスが多くなる

インフルエンザは、インフルエンザウイルスが引き起こす病気です。

ウイルスは、その種類によってどの生物のどこの細胞に入りこめるかが決まっています。**インフルエンザウイルスは私たちの喉の細胞から入りこみます。**

ウイルスは自分の力で増えることができず、他の生物の細胞に入りこんで乗っとり、細胞に自分のコピーをたくさんつくらせることで増えていきます。細胞内でできたコピーは、さらに近くの細胞を乗っとります。この繰り返しでウイルスは増えていくわけです。これが「インフルエンザにかかった」状態です。

冬は気温が低く、空気が乾燥しがちです。**インフルエンザウイルスは、気温と湿度が低いと活性を失いにくいという特徴があります。**だから、冬はウイルスが細胞に入りこむチャンスが多くなり、流行するのです。

また、空気が乾燥していると、咳をしたときに飛び散った飛沫が乾燥します。乾燥したウイルスは軽いために、長時間空気中を漂い感染が広がっていく可能性もあります※1。

私たち人間の側の問題もあります。空気が乾くと喉の粘膜が痛んでしまいます。異物から身を守る機能が落ちるので、そこからインフルエンザウイルスが細胞に入りこみやすくなってしまいます。さらに、冬は気温が下が

※1：空気感染は、2009年の新型インフルエンザのときに大きな話題になりました。しかし、空気感染がどれほどあるのかは実はまだわかっていません。今のところ、研究者の多くは空気感染については否定的です。

るため、体力が落ちる傾向があります。そのため、免疫の力が落ちて、ウイルスから体を守り切れないことが多くなるのです。

A型より遅れて流行がはじまるB型が「春インフル」の正体

ところで、インフルエンザウイルスには、主に「A型」と「B型」があります。**A型は11～3月、B型は1～4月に流行することが多い**ようです。例年、B型の流行はA型よりも少し遅れてはじまります※2。

B型に感染した場合の症状も、基本的にはA型と変わりありません。しかし、A型とくらべて高熱が出にくい、胃腸の症状が出やすい傾向があります。またA型ほど感染力が強くないので、局地的な流行にとどまることも多いようです。

一般的に考えるインフルエンザの流行期は、A型のものです。ですから、**B型に感染して高熱が出なかった場合は、気づかないままにインフルエンザにかかっているということもある**のです。もちろんその場合は、まわりにも感染させてしまいます。

また、インフルエンザワクチンの効果は5か月程度なので、早めに予防接種をした人は春には効果が薄らぐ可能性があります。

サイエンス Column

インフルエンザから身を守るには

インフルエンザの対策は一般的な感染症とあまり変わりません。まずは、手洗い・うがいを心がけましょう。とくに、石けんでの手洗いを何度も行うのがよいとされます。ウイルスがついている部分に手で触れて、そのあと顔を触ることで感染することが多いと考えられるからです。感染防止と喉の乾燥防止のために、マスクも有効です。

A型インフルエンザとB型インフルエンザの比較

	A型インフルエンザ	B型インフルエンザ
流行期	11月～3月に流行することが多い	1月～4月に流行することが多い（例年、A型よりも少し遅れてはじまる）
症状	咳、くしゃみ、発熱など	A型とほぼ同じだが、高熱が出にくく、胃腸の症状が出やすい
感染力	強い	A型ほど強くない
流行	ほぼ毎年流行する	流行がない年もある

B型インフルエンザに感染して高熱が出なかった場合は、気づかずにインフルエンザにかかっていることもあるのです！

※2：「B型」は、流行のない年もあります。また、インフルエンザには「C型」もありますが、症状が重くならないので重要視されていません。

Lesson_4 37

静電気の「バチッ」はどうすれば防げるの？

なぜ冬に静電気が起こりやすいのか

冬の乾燥した時期に、ドアのノブに触れた瞬間に「バチッ」とショックを受けることがあります。原因は**静電気**です。なぜ、静電気が起こるのかを説明しましょう。

すべての物は原子からできています。原子の中心にはプラス（＋）の電気を持った原子核という粒があります。原子核のまわりには、陽子や中性子よりずっと小さく軽い電子というマイナス（－）の電気を持った粒があります。

陽子１個の持つプラス電気と電子１個の持つマイナスの電気は、合わせるとちょうどゼロとなり、原子全体では電気を持っていないことになります。

２つの物をこすったりつけたりすると、物質の中の原子にある電子がとび出したり、相手の中に入ったりします。そのとき、原子核の陽子は動かないでそのままです。すると、電子をもらったほうはマイナスの電気が多くなるために、マイナスの電気をおび（帯電）ます。反対に、電子をあげたほうはマイナスの電気が少なくなるために、プラスに帯電します。

帯電した物も、空気中に湿気があると、持っていた電気が空気中に逃げていきます（放電）。しかし、電気が流れない物（絶縁体）では、電気がたまるだけで動きません。乾燥した冬に静電気がたまりやすいのは放電しにくいからです。**相対湿度が低くなり、物の表面**

静電気が発生するしくみ

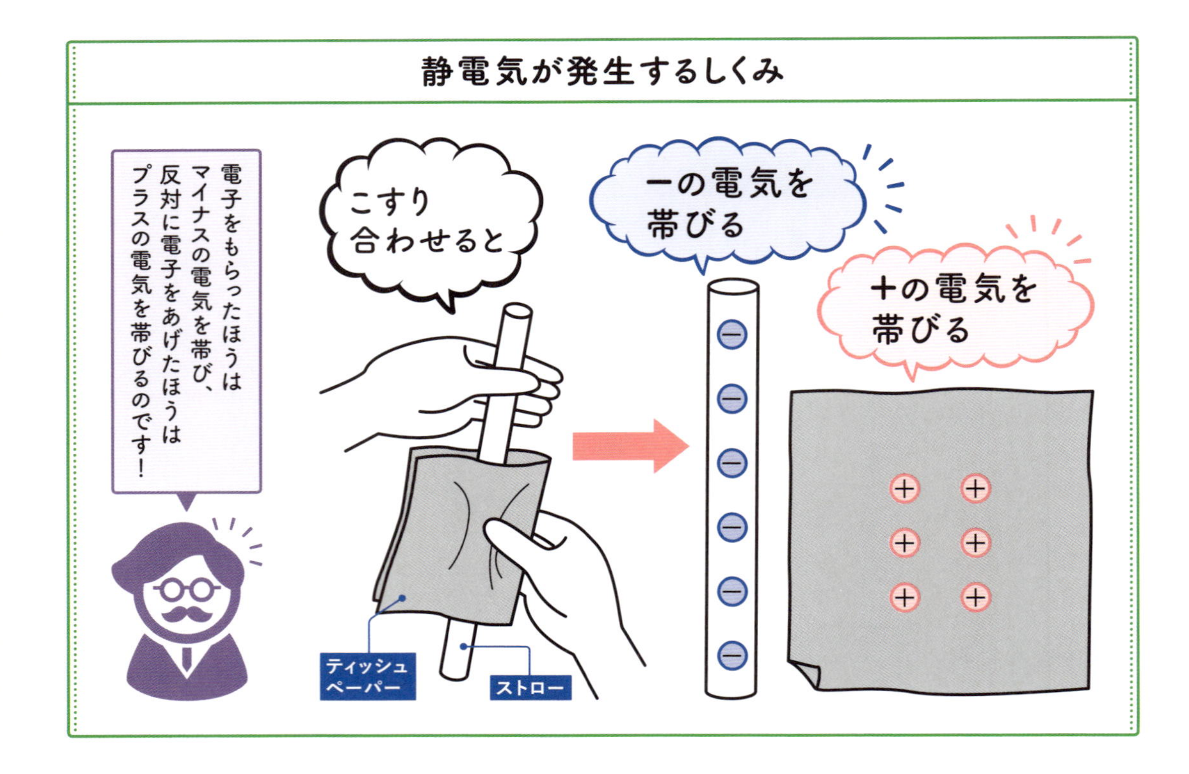

手とドアノブの放電の様子

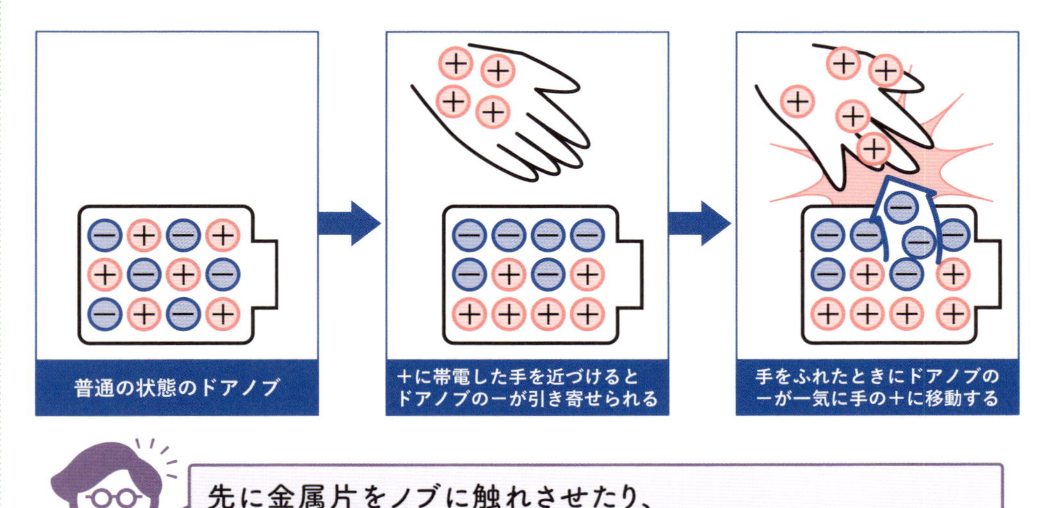

の水がなくなると、放電が起こりにくくなり、強く帯電しやすくなるのです。

乾燥した状態のときに、人が床の上を歩くと床との摩擦で**人には２万ボルトもの静電気が起きます。**ドアのノブはドアにつながり、さらに金属や木などにつながり、大地に接地していることがほとんどです。すると、ノブは０ボルトです。そこへ２万ボルトの静電気を帯びた人が近づくので放電が起こります。

ノブに手で触れる前に金属片で触れさせる

ノブでの対策は、金属片（板鍵やボディに金属製のボールペンなど）を持って、まず金属片をノブに触れることです。普通にノブに手を近づけると、放電による火花の電流が狭い１箇所に集中して流れ、神経が敏感に反応します。**金属片を触れさせると、金属片を握っている手全体に電流が分散するので、神経への刺激は少ない**のです。

ノブを触る前に、木やコンクリートの壁に手をタッチしておく対策もあります。静電気からすると木やコンクリートは絶縁体ではなく、ある程度電気が流れるものです。そのような壁は、大地に接地していますから、人の帯電した静電気を逃がしておけるのです。

サイエンス Column

車では車体の金属部分に触りながら降りる

車の乗り降りでも「バチッ」となることが多いですね。車の座席が絶縁体なら、運転している間に摩擦で静電気が生じます。

対策は、車を降りるとき、座席から動き始める前に車体の金属部分に触りながら降り、車体から大地に人の体の静電気を逃がします。逆に車に乗るときは、乗りこむ前に地面に手の平をつけるといいでしょう。

幼児の誤飲はどう対処すればいい？

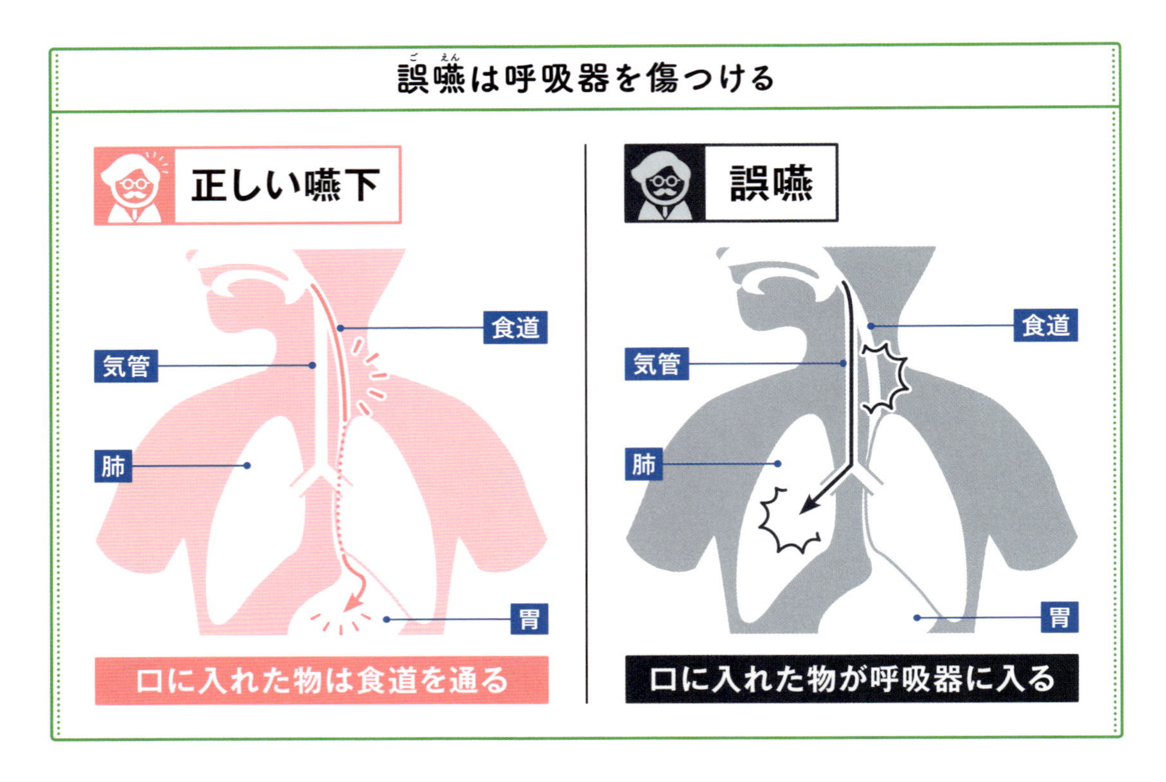

「誤飲事故」には誤飲と誤嚥の2種類がある

10歳未満の子どもが、食べ物ではない物を飲みこんだり、気管に入れてしまったりする事故が毎年多発しています。

「誤飲事故」には、誤飲と誤嚥の２種類があります。子どもが口に食べ物ではない物を入れたとき、通常は吐き出しますが、ときには飲みこんで食道から胃に入れてしまうことがあります。これを狭い意味で誤飲といい、消化管の内部を傷つけることや小腸で吸収されて中毒になることがあります。

また、口に入れたものを気管など呼吸器のほうに吸いこむことは誤嚥といい、最も深刻なのが、気管をふさぐ窒息状態です。

誤飲事故の原因と起こったときの対処法

誤飲事故の原因となる、誤って飲んだり吸いこんだりしてしまう物の例をあげます。

【1】たばこ

誤飲事故の原因で最も多いのが、たばこです。未使用のたばこや吸い殻をかじる、消火した水を飲む（この水にはニコチンが溶け出しています※1）といったケースがあります。

たばこにふくまれるニコチンが吸収されると、中毒症状として嘔吐・意識障害を起こして呼吸が停止する可能性もあります。**まず吐**

※１：水に溶けたニコチンは吸収が早く症状も重いとされており、注意が必要です。ニコチンの乳幼児における致死量の目安は、タバコ0.5〜１本分ほどです。

かせ、何も飲ませずに直ちに医療機関で受診することが必要です。たばこの誤飲は、満1歳前後の子どもで最も多くみられます。子どもの手の届く場所にたばこや灰皿を放置しない、空き缶を灰皿代わりにしない（誤って飲む危険）などの点に注意する必要があります。

【2】医薬品

最近の医薬品やビタミン剤などは甘くておいしいものがあり、子どもが大量に食べてしまう事故が起きています。

体内に吸収されると医薬品の薬理作用により重い健康被害が生じる危険があります。**水などを飲ませて吐かせ、速やかな受診が必要です。**開けられないだろうと思った容器を開けてしまうこともあり、油断は禁物です。

【3】ビニール・プラスチック製品

スーパーボールや風船などをのどに詰まらせることがあり、窒息の原因となるため注意が必要です。**3歳児が口を開けると平均直径39ミリの球が入る大きさがある**ため、それ以下のものは慎重に扱う必要があります。

おおよそピンポン玉の大きさ（直径40ミリメートル）が目安になります。

【4】ボタン型電池、硬貨などの金属製品

ボタン型電池は消化管に張り付くなどして放電し、消化管に穴をあけるおそれもあります※2。電池を使う玩具で遊ばせるときは蓋が閉まっていることを確認しましょう。

その他金属類は速やかに受診し、摘出するかどうかの判断を受ける必要があります。

【5】化粧品類・石鹸類・洗剤類

マニキュアや除光液を飲んだ場合は速やかに受診をする必要があります。誤嚥によって化学性肺炎を引き起こす危険もあるため、**無理に吐き出させることもやめましょう。**せっけん類の場合は、様子を見て何らかの症状があれば受診してください。

ほかにも餅などの食品類による窒息など、多くの例があります。周囲の大人が最善の注意を払って誤飲事故を防止しましょう。

小児の誤飲事故の報告件数

種類	報告件数	割合
タバコ	147件	20.2%
医薬品・医薬部外品	108件	14.8%
プラスチック製品	72件	9.9%
食品類	61件	8.4%
玩具	52件	7.1%
金属製品	42件	5.8%
硬貨	32件	4.4%
洗剤類	29件	4.0%
電池	23件	3.2%
文具類	18件	2.5%

※出典：厚生労働省（2016年度、上位10品目）

※2：とくにリチウムイオン電池は放電能力が高く、電池の寿命が切れるまで一定の電圧を維持する特性があります。このため誤って飲みこむと消化管の中で放電し、危険なアルカリ性液が生成されます。30分から1時間ほどで消化管の壁が損傷されるとされます。

Lesson_4 39

ヒートショック死を防ぐには夕食前の入浴がいい？

冬に熱いお湯につかると急激に血圧が低下する

冬の入浴時に起きる「ヒートショック」とは、**寒い脱衣室や浴室内で血管が縮んで血圧が上がり、熱いお湯につかると血管が急激に拡がって血圧が低下すること**をいいます。高血圧症、糖尿病、動脈硬化、不整脈、肥満などの人はとくに影響を受けやすく、立ちくらみや転倒によってすべって頭を打ったり、意識を失ってしまうことによる浴槽内溺死の危険性もあります。

厚生労働省の人口動態統計によると、家庭の浴槽での溺死者数は、近年10年間で約1.7倍に増加しています。このうちの約９割が65歳以上とのことで、高齢者数の増加に伴い入浴中の事故死が増えていると考えられます。

ヒートショックを防ぐ対策あれこれ

冬の入浴時のヒートショックを防ぐためには、次の対策方法が考えられます。

【1】夕食・飲酒前に入浴

夕食前であれば、早朝や夜遅い時間よりも脱衣所や浴室がそれほど冷えこまないことに加え、生理機能が高いうちに入浴することで温度差への対応がしやすいです。

夕食直後や飲酒時の入浴は、血圧が急激に下がりやすくなるため控えましょう。

家庭の浴槽での溺死者数の推移

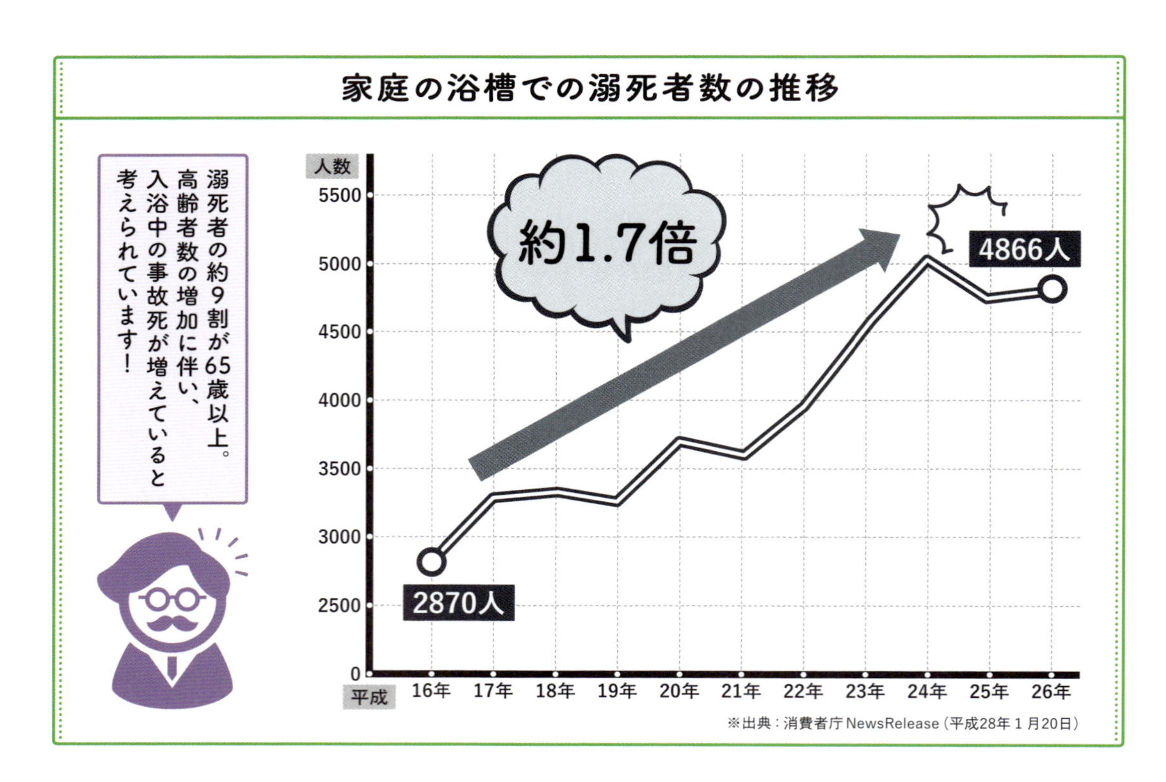

※出典：消費者庁NewsRelease（平成28年１月20日）

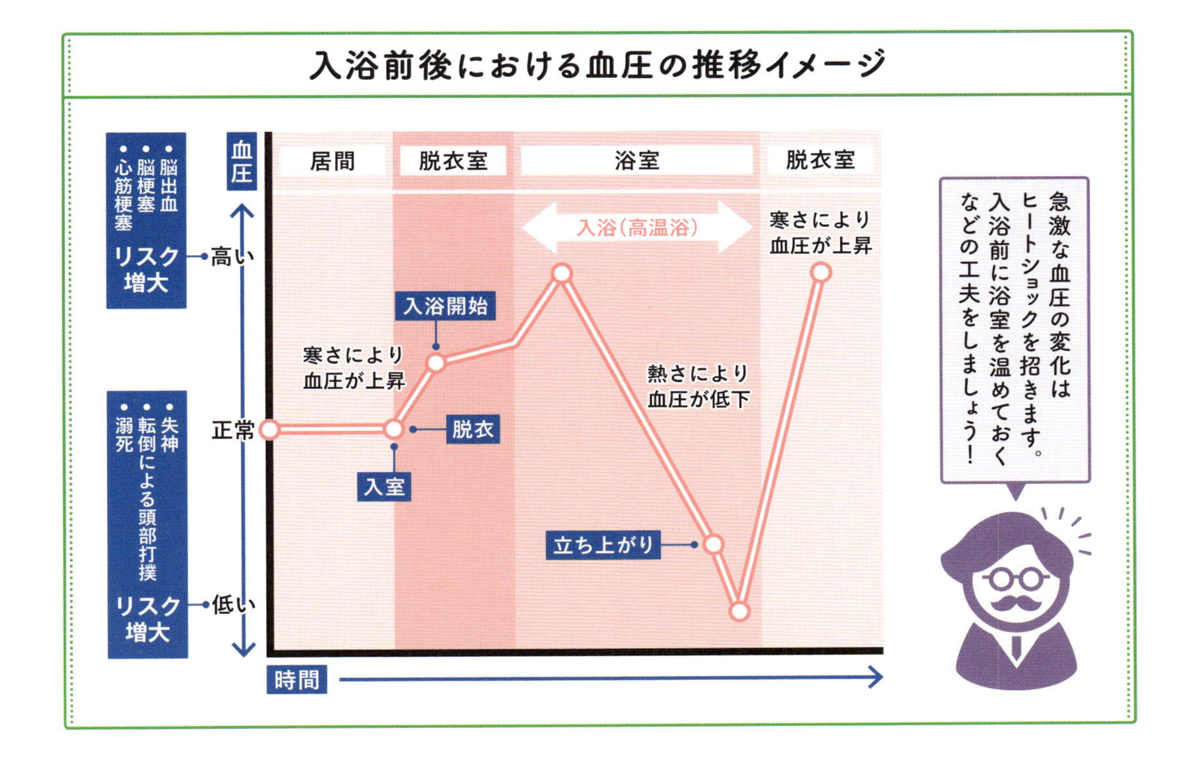

【2】脱衣所や浴室を温める

ヒートショックの原因は「温度差」によるところが大きいです。この**温度差を和らげるため、脱衣室や浴室を温めます。**

脱衣室は、専用の暖房器具の使用が望ましいです。浴室内では、高い位置からシャワーのお湯を出して浴槽へお湯をはることで、浴室全体を温めることもできます。

また高齢の場合、一番風呂を避けて、浴室が十分に温まったあとの入浴が安心です。

【3】41℃以下で10分以内

41℃以下の湯温で、湯船につかる時間は10分以内にして体を温めすぎないようにすると、急激な血圧低下を防げます。高温や長湯でのぼせて、ボーッとなって意識障害が起こると、浴室熱中症の危険や溺死事故につながる場合もあります。脱水による血栓症の予防のため、入浴前後の水分補給も大切です。

【4】浴槽で急に立ち上がらない

入浴中には、お湯で体全体に水圧がかかっています。その状態から急に立ち上がると体にかかっていた水圧がなくなり、圧迫されていた血管が一気に拡張します。すると、脳に行く血液が減って脳は貧血状態になり、一過性の意識障害を起こすこともあります。

浴槽から出るときには、手すりや浴槽のへりを使ってゆっくりと立ち上がりましょう。

サイエンス Column

住宅の冬仕度は寒冷地に学ぼう

ヒートショックが原因と思われる死亡例は、高齢者数の増加にともない、東京や西日本で増加傾向が見られます。

要因となる住環境のリスクを減らすためには、部屋の断熱性能を上げることや、脱衣室や浴室への専用の暖房機の設置など、寒冷地における冬支度への取り組みが参考になります。

Lesson_4 40

冬に多発する一酸化炭素中毒はどう防ぐ？

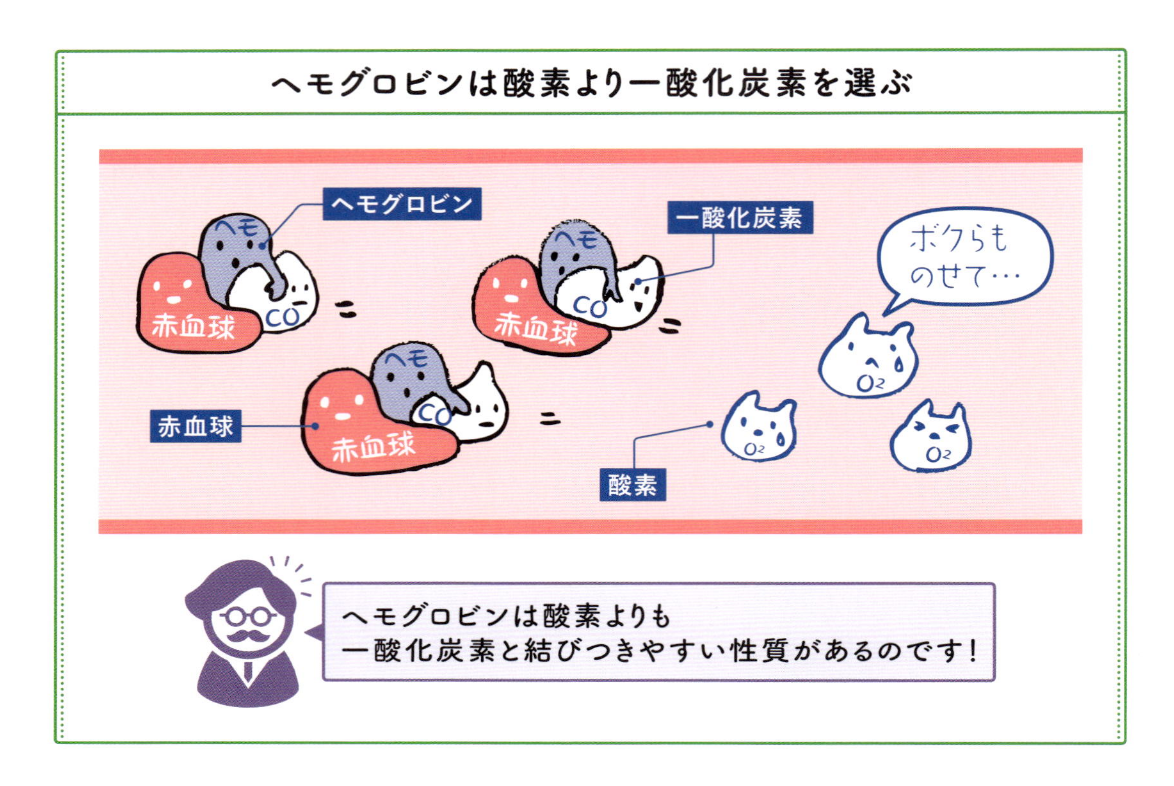

建物の気密性の高さが一酸化炭素中毒多発の原因

炭素をふくむ有機物が燃焼すると、炭素に酸素分子が結びついた二酸化炭素（CO_2）が発生します。しかし、酸素が不足した状態で不完全燃焼が起こると、一酸化炭素（CO）が多く生じます。

酸素は人の血液の赤血球にふくまれるヘモグロビンという物質と結びついて全身をめぐります。ヘモグロビンは酸素の少ない場所にたどり着くと酸素を離す性質があるため、体の隅々に酸素を届けることができるのです。

ところが、**ヘモグロビンは酸素よりも一酸化炭素と結びつきやすい性質があり、一酸化炭素を吸いこむと、ヘモグロビンは酸素ではなく一酸化炭素と結びついてしまい、体に酸素を運ぶことができなくなる**のです。

一酸化炭素中毒がなくならない理由は、近年の建物の気密性です。**気密性の高い建物で物が燃えると予想以上に酸素が消費され、その結果、部屋の中の一酸化炭素濃度が上昇し、中毒を起こす**のです。冬はガスコンロや石油ストーブ、火鉢などの火をよく使うことと、寒いために部屋を締め切ったままにしがちなので、一酸化炭素中毒が多発します。窓を開けるのが面倒なときは、換気扇をまわすだけでも効果的です。仮に中毒になったら、暖房器具を止めて速やかに室内を換気し、意識がない場合はすぐに救急車をよんでください。

Lesson_4

41 火災を起こす「発火点」と「引火点」って何？

物が燃えるためには3つの条件がある

物が燃えるためには条件があります。まず燃える物質が必要です。次に、いつも新しい空気（酸素）が燃える物質のところにやってくる必要があります。さらに、ある一定以上の温度にならないと燃焼は始まりません。

まとめると、物が燃える条件は、次の3つです。

【1】燃える物質（可燃物）
【2】酸素
【3】ある一定以上の温度（固体の場合、発火点）

物質に火をつけることができる最低温度が発火点です。物質を空気中において、だんだん温度を上げていき、発火点になるとひとりでに燃え出します。なお、灯油などでは、火を近づけたとき物質に火がつくことを引火といい、引火が起こる最低温度を引火温度（引火点）といいます。

私たちのまわりには燃える物質（可燃物）と酸素はたくさんあります。**火災を予防するための「火の用心」は発火点や引火点にならないように火種を始末すること**です。

火災による損害はどのくらいなのでしょうか。実はGDP（国民総生産）の実に0.1パーセントという試算があります。燃えてしまったら財産も、思い出の品々も、何も残りません。あと少しの気配りで火災は減らせます。

物質の発火点と引火点の温度はさまざま

発火点

火がなくても発火する最低温度のこと

- 木材 250〜260℃
- 新聞紙 291℃
- 木炭 250〜300℃

引火点

火を近づけた瞬間に引火する最低温度のこと

- ガソリン −43℃以下
- 灯油 40〜60℃

※出典：『理科年表』平成29年（第90冊）

殺虫剤・防虫剤・虫よけスプレーは人に害はないの？

殺虫剤を吸いこんでも体外に排出される

家庭用殺虫剤に主に用いられているのは、除虫菊の成分を元に開発されたピレスロイド剤※1というものです。殺虫剤は虫が即死するような効果の高さから、人や家畜、ペットにも影響がありそうに思えます。しかし**ほ乳類は体内にピレスロイドを分解する酵素を持つため、すみやかに分解されて体外に排出されます。**ただし、爬(は)虫類や魚類などのペットに対しては害があるため注意しましょう。

衣類の防虫剤として使われているのは、樟脳(しょうのう)※2、ナフタレン、パラジクロロベンゼンなどです。いずれも強いにおいがあるため誤飲することは少ないですが、経口で摂取すると危険です。子どもや赤ちゃんの手が届くところには保管しないようにしましょう。

多くの虫よけスプレーには、もともとアメリカ軍によってマラリアの感染予防用に開発されたディートという虫よけ成分が使われています。ディートが高い効果を発揮するのは、成分が蚊などの**害虫の触覚を麻痺させることで、人間を吸血対象として感知できなくしてしまう**からです。ディートは殺虫剤ではなく、あくまでも害虫が寄りつかなくなる忌避剤であることが特徴です。ディートは刺激性が強く、長時間連続して使うと皮膚炎を起こすこともあります。子どもが使用する際は濃度が低いものを選ぶなどの注意が必要です。

用途別主な殺虫成分の特徴

用途	成分	特徴	人への影響
家庭用殺虫剤	ピレスロイド剤	除虫菊の成分を元に開発	ほ乳類は影響なし
衣類の防虫剤	樟脳 ナフタレン パラジクロロベンゼン	強いにおいがある	経口で摂取すると危険
虫よけスプレー	ディート	害虫が寄りつかなくなる忌避剤	皮膚炎を起こす恐れあり

製品のパッケージには、対象となる虫や効果が表示されていますので、よく確認してから購入しましょう！

※1：ピレスロイド系殺虫剤には、かとり線香（マット）、殺虫スプレーなどがあります。
※2：樟脳はクスノキを原料とした精油です。虫が嫌いなニオイを放つ一方、鎮痛作用や清涼感を与える作用もあり、アロマや芳香剤、カンフル剤などにも使われています。

『先端技術・乗り物』にあふれる科学

Lesson_5
43 太陽電池はどうやって発電しているの？

電池の種類は2つある

内部の化学反応によって電気を起こし、その電気エネルギーを取り出す

太陽電池などの物理電池

光や熱などのエネルギーを電気エネルギーへ変換する変換装置

太陽光の光エネルギーを吸収し、電気的なエネルギーに変換する

電池には化学電池と物理電池があります。

化学電池は内部の化学反応によって電気を起こし、その電気エネルギーを取り出します。乾電池や充電式電池などです。

物理電池は化学反応は行わずに、光や熱などのエネルギーを電気エネルギーへ変換する変換装置で、太陽電池などがそうです。シリコン太陽電池のほか、さまざまな化合物半導体を素材にしたものがあります※1。

太陽光に当たったアスファルトが熱くなるのは、太陽の光エネルギーが吸収され、熱エネルギーに変わったからです。通常、熱になったエネルギーは周囲の物や空気に伝わって散逸していきます。**太陽電池は、太陽光が持つ光エネルギーを吸収し、熱になる前に電気的なエネルギー（電力）に変換します。**家庭用の太陽電池システムは、太陽電池を並べてパネル状にした太陽電池モジュール（太陽光パネル）を屋根などに設置します。

太陽電池は「電池」という名前がついていますが、電気を蓄える機能はなく、持っているのは発電機能だけで、光を当てているあいだのみ発電が持続します。燃料を使わず排気ガスも出さず、クリーンなエネルギーといえます。地球環境とエネルギーの問題を解決するうえでも注目されています。今後はさらに変換効率を上げていくことが課題です。

※1：よく磨いた金属に光を当てると金属から電子が飛び出します。これを「光電効果」といいます。一般的な光電効果では電子が外に飛び出してしまうため、物質の内部で光電効果を起こし電流を取り出すことが必要です。そのために使われるのが半導体です。

Lesson_5
44
ドローンは ラジコンヘリとは全然ちがう？

ラジコンより簡単に飛ばせるマルチコプター

よく見かけるプロペラが複数ついたドローンは、正確にはマルチコプターとよばれるものです。従来のラジコン型ヘリコプターは、本物のヘリコプター同様、高い技術が必要で、正確に飛ばすには長時間の訓練が欠かせませんでした。しかし、**ドローンは飛行を安定させるための技術をコンピューターに担わせ、操縦者は高度や方向を指示するだけで取り扱いができるようになりました。**

GPSを使用して飛行ルートを指定することや、搭載したカメラから転送した画像をゴーグルで見ながら操縦することができる機種もあります。従来の無線航空機にくらべて、はるかに手軽で広範な利用が考えられます。

このように**高機能で取り回しがよく、しかも比較的安価に入手できるようになったことから、ドローンは急速に普及しました。**その可能性はまだまだ広がっていきそうです。

一方で、ドローンには危険性や懸念もあります。操縦に使うWi-Fiや無線の電波の規制が国ごとに異なり、みだりに利用すると混乱の原因になりかねません。飛行物特有の事故を引き起こす恐れもあります。日本では2015年12月にドローン規制法（改正航空法）が施行され、200グラム以上のドローンには飛行禁止エリアが設定された※1ほか、飛行方法に安全のための制限が加えられています。

コンピューターで気軽に制御できるドローン

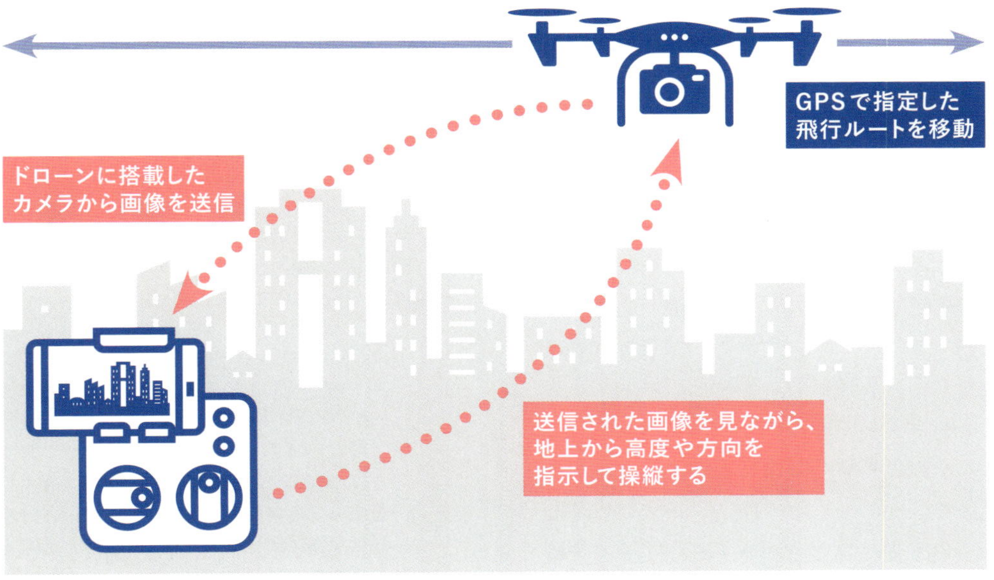

GPSで指定した飛行ルートを移動

ドローンに搭載したカメラから画像を送信

送信された画像を見ながら、地上から高度や方向を指示して操縦する

※1：東京23区内では許可なく飛ばせる場所はほとんどありません。

Lesson_5 45 GPSはどうやって位置を特定しているの？

位置情報と時刻情報を電波で発信するGPS衛星

GPS（Global Positioning System）は「全地球測位システム」とよばれ、人工衛星からの電波を受信することで位置を正確に測定する装置です。上空には数多くの人工衛星が飛び交っています。もともとは軍事目的で打ち上げられたものが民生利用されたもので、私たちのさまざまな生活に役立てられています。

GPS衛星は地球上空をすべてカバーするように配置され、その位置情報と時刻情報を電波で地表に向けて発信しています。そこで、GPS衛星からの電波発信時刻と受信機での受信時刻の差からかかった時間を計算し、その値に光速をかけると、人工衛星と受信機との距離を求めることができます※1。

人工衛星の出す時刻情報は完ぺきな正確さが求められます。なぜなら、光の速さは秒速30万キロメートルと非常に大きいため、少しの時間の誤差が大きな差となってしまうからです。そのため、GPS衛星では原子時計※2が利用されています。

衛星が3つあれば位置情報の計算は可能

GPSからの位置情報を利用し、地図データとドッキングして車のナビゲーションを行うのがカーナビです。GPSはどのように位置を特定しているのでしょうか。

受信機はGPS人工衛星からのデータを受信して衛星と自分との距離を計算しますが、**1個の衛星からの情報だけでは地球上での受信機の位置を割りだすことはできません。**

例えば、１つの衛星からの距離がRと計算できたとしましょう。そうすると受信機の位置は人工衛星からのRの半径の球表面上にあるとわかるだけです。人工衛星がもう１つあれば、同様にある半径ｒの球表面上にいることが、計算によりわかります［図１］。

これら２つの情報から、受信機は２つの球の交差する円周上に位置することがわかりますが、これでもまだ使えません。しかし、さらにもう１つの衛星からの情報を得ることができれば、それらの球表面が交錯する２点にまで絞ることができます［図２］。

ここで、さらにもう１つの衛星からの情報があれば、完全に受信機の位置を確定できます。しかし、**原理的にはカーナビであれば、衛星は３つでも位置情報の計算は可能です。**なぜなら、受信機は地球表面上に位置するからです［図３］。

サイエンス Column

日本独自のGPSの構築が準備されている

GPS技術は1996年３月、米国の政策変更で誰でも利用できるようになり、日本も「衛星測位」を米国に依存しています。

現在日本版GPSの構築が準備されており、2018年から日本独自の衛星が４機体制となって本格稼働する見込みです。23年度には７機体制となり、米国のGPSに頼らずに済むことになります。

※１：使うのは、「距離＝速さ×時間」という計算式です。

GPSによる位置の特定の仕方

図1

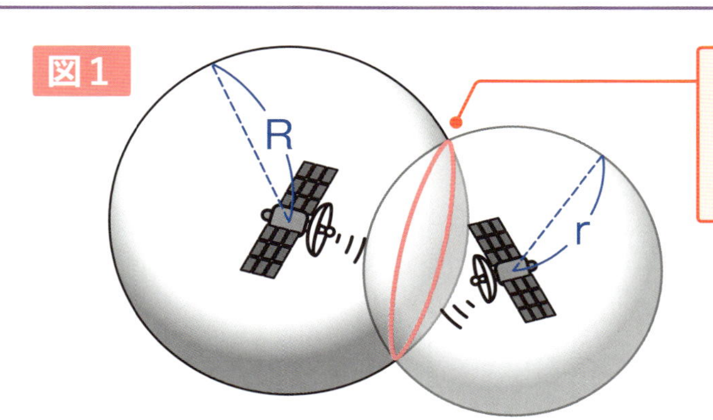

2個の人工衛星からの
情報では、
この円周上のどこかにいる
ことがわかるだけです

図2

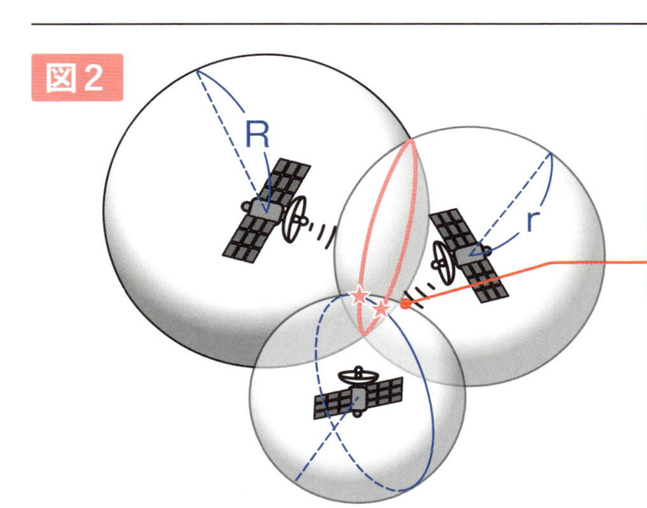

さらにもうひとつの
人工衛星からの情報で、
図の★の2点にまで
絞られます

図3

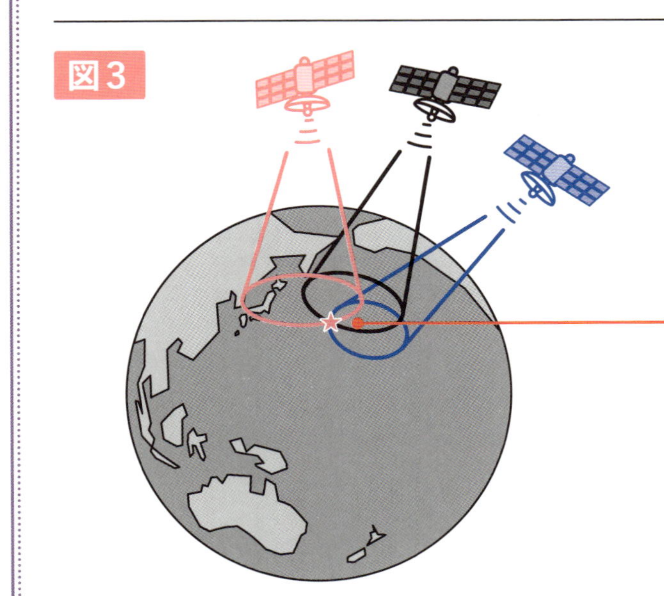

地球上であれば、
衛星3つで
自分の位置（図の★）
を特定できます！

※2：正式名称は「原子周波数標準器」といい、マイクロ波の周波数を確認することで、
1秒の長さを決めるものです。誤差は1万年から10万年に1秒程度です。

Lesson_5

46 3Dプリンターはどうやって「印刷」するの？

ごく薄い層を少しずつ重ねていく

3Dプリンターは立体印刷機ともいい、日本人が発明したものです。そのしくみは、①コンピューターでつくりたいものの3Dデータを作成し、②作成した3Dデータを下から輪切りにし、③低いほうから１層ずつ材料を積み重ねて作っていくというものです。１層の厚みは数マイクロメートル（μm）で、１ミリメートルの1000分の１ほどになります。ごく薄い層を少しずつ重ねていくのです。

現在個人向けの3Dプリンターの主流となっているのは**熱溶解積層法**で、材料を熱で融かして押し出し、形にしていきます。材料に使われているのはABS樹脂※1（アクリロニトリル・ブタジエン・スチレンの合成樹脂）とよばれる物質です。これはプラスチックの一種で、熱をかけるとやわらかくなり、冷えると固くなる性質があります。この性質を熱可塑（かそ）性といいます。この**熱可塑性をいかして、熱で融かして加工しやすいようにしておき、形を整えて冷やして固める**、という方法をとっています。

粉末焼結造形という方法もあります。こちらは銅やチタンといった金属や、セラミックの**粉末を１層分敷き詰めて、レーザーによって焼き固める**方法です。材料が粉末なので複雑な形を作ることができますが、「焼いて」いるので、表面にざらつきが生じます。

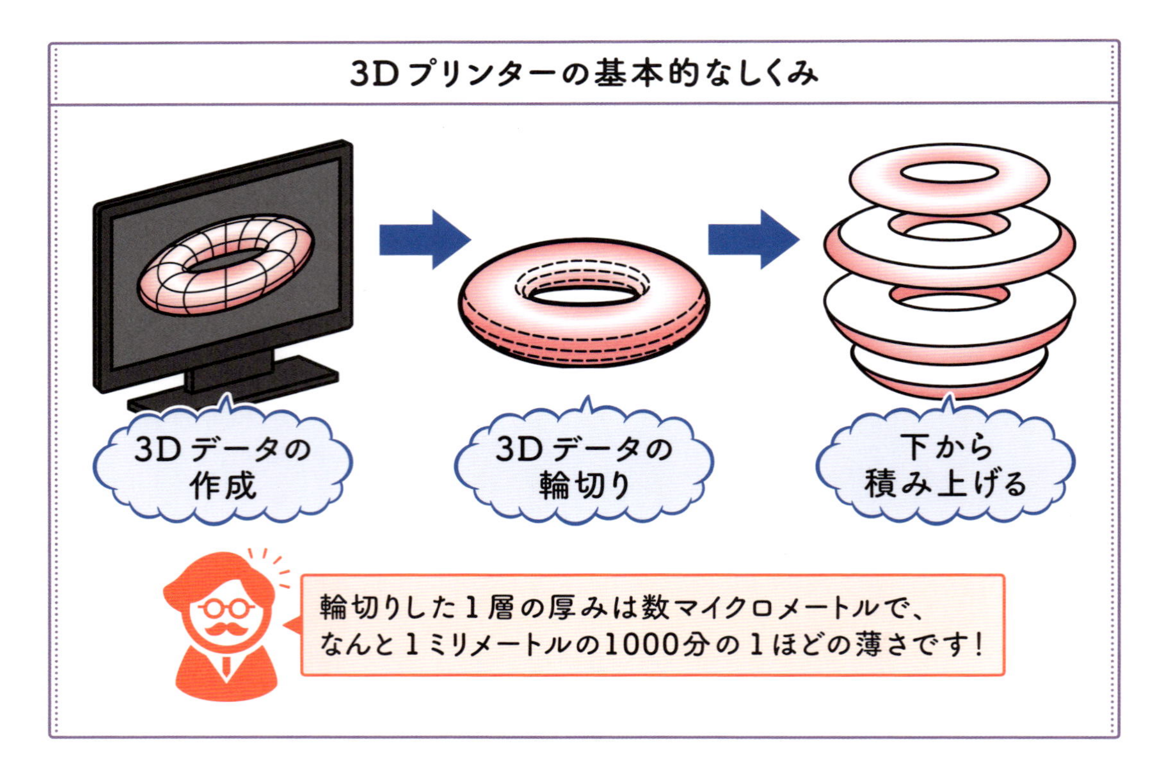

※1：ABS樹脂は、耐衝撃性や高い剛性を持ち、加工も容易で、表面も光沢で美しい仕上がりが可能です。OA機器、自動車部品（内外装品）、ゲーム機、建築部材（室内用）、電気製品（エアコン、冷蔵庫）など幅広く使われている素材です。

ICカードや非接触充電のしくみはどうなっているの？

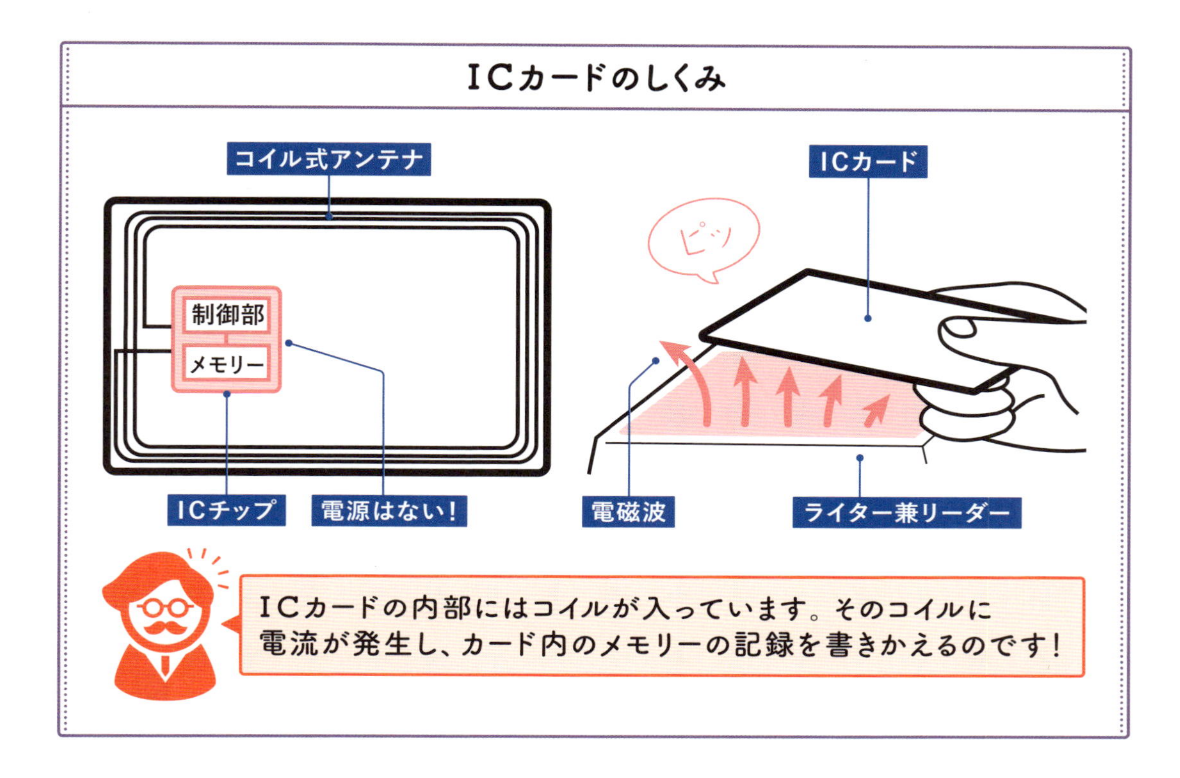

電磁誘導でメモリーを書きかえる

ピッとかざすだけで、一瞬で改札を通過できるICカードはとても便利ですね。一瞬で情報を読み取り、書きかえるしくみはどうなっているのでしょうか。

ドーナツ状になっている導線（金属）のまわりで磁場（磁界）が変化すると、金属内に電流が流れます。これは「電磁誘導」という現象です。ICカードの内部にはコイルが入っています。カードを読みとるところには磁場が発生しており、カードがその磁場を通るときにコイルに電流が発生して、カード内のメモリーの記録を書きかえます。こうして多くの人が、毎日改札口で「電磁誘導・エネルギー輸送実験」をしているわけです。

実際は、カードが近づいたため、改札口の装置方も反作用として、チップから送信情報として送り返されたものを受け、回路の電流が変わります。これを素早く読み取って、改札口の開閉装置を操作し、さらに接続されたコンピュータにも情報を送っています。つまり、**改札口の装置は、カードのメモリーを書きかえると同時に、カードから情報を受け取ることもしている**「ライター兼リーダー」なのです。

この間0.3秒程度の時間で済ませているため、カードを当てる角度などに微妙な問題もあって、まごつく人も多いのです。

Lesson_5 48

生体認証は本当に安全なの?

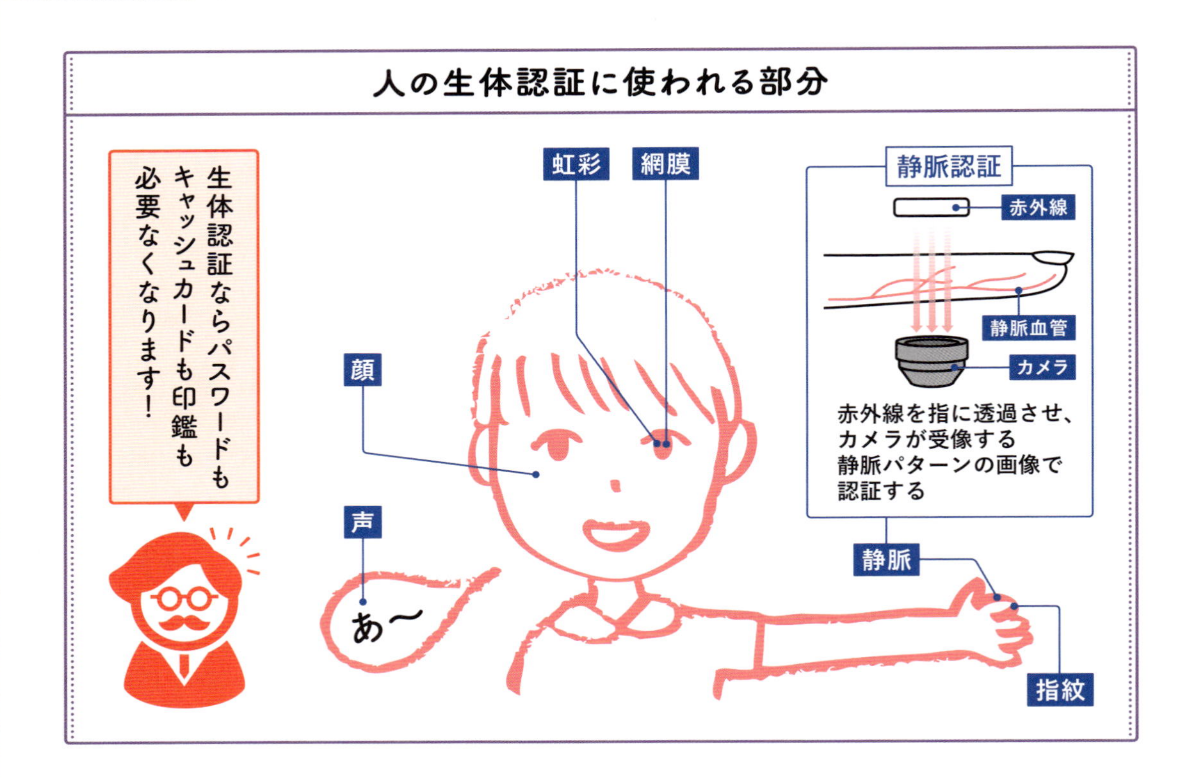

体の一部の特徴を使って本人確認をする

アクション映画やSF映画では、先進的なシステムとして目の虹彩（瞳の部分の模様）や網膜の血管パターンで本人を確認する場面がよく出てきます。こうした本人認証方法を生体認証（バイオメトリクス認証）といいます。

これは、**顔をカメラで写す、指を指紋リーダーでスキャンするなど、私たちの体の一部の特徴を使って本人確認をする**しくみです。目鼻などのパーツの位置や形、指紋の場合は渦や模様の場所、曲がり方などの特徴を抽出し、事前に保存しておいた特徴とカメラ映像をコンピュータが比較して判断します。

生体認証は本人が持っている身体の特徴を利用するため、**パスワードを覚えたり、いちいち打ち込む必要がないというメリットがあります。**キャッシュカードや印鑑を持ち歩く必要もなくなります。また、カードや印鑑は盗まれることがありますが、本人の顔や指そのものは盗むわけにはいきません。

偽造やデータ盗用の危険はないのか

一方で、生体認証の欠点にはどんなものがあるでしょうか。

私たちの顔かたちは加齢によって変化しますし、化粧でも外見は大きく変わります。また、指紋は指が荒れたり、手が汚れていたりすると照合結果がエラーとなることがあります。身体的特徴が変化しても認証できるようにすると、こんどは似た特徴を持つ他人を本人とまちがえる危険性が出てきます。

顔写真や録音、撮影された虹彩の画像、採取した指紋などから再現されたニセの指紋などが認証を通ってしまうと、印鑑よりも偽造が簡単になってしまう可能性があります。

私たちが使用するスマートフォンやデジタルカメラの解像度は今では非常に高くなり、日常なにげなく撮影しSNSなどにアップしている写真からも、顔や虹彩、指紋といった生体認証に利用できる情報が盗めるのではないか、と危惧する専門家もいます。このため、**外部から見えない網膜の血管、手や指の静脈パターンなどを利用するシステムも実用化されています。**顔認証では、化粧や加齢による変化の影響を受けにくい部分の特徴を抜き出し、偽装を防ぐしくみがあります。

一方、画像を処理するシステムに顔写真や指紋パターンが保存されていた場合、ハッキングによって盗まれたら、システムが一斉に被害にあう可能性があります。そのため**データを直接保存するのではなく、特徴を数値化し暗号化したものを保存するなど、情報の盗み出しに対する防御も高度になってきました。**

サイエンス Column

Windowsも生体認証機能を導入

Windows10の生体認証機能「Windows Hello」では、パソコンに内蔵したカメラで利用者を撮影したり、指紋リーダーで本人確認をしたりすることで、パソコンのロックを解除できるようになりました。

写真や動画では認証が通らないようになっており、複数回データを登録して認証精度を高める対策もされています。

生体認証の欠点とその対策

欠点	対策
加齢や化粧による顔かたちの変化	加齢や化粧の影響を受けにくい部分の特徴を抜き出すしくみ
写真や録音で採取されたニセの情報	網膜の血管、手や指の静脈パターンなどを利用するシステム
ハッキングによるデータの盗難	データの特徴を数値化し暗号化したものを保存

Lesson_5
49

バーコードやQRコードのしくみはどうなっているの？

同じ規格の商品には同じバーコードをつける

あらゆるお店で生活用品全般に使われていて、**最もなじみのあるバーコードがJANコード（Japan Article Number）です。**バーコードの縞模様を拡大すると、１つの数字を表すために白色と黒色の線（モジュール）を７本組み合わせていることがわかります。

一般的なJANコードは13桁です。最も左側の２桁の数字は「国コード」です。この数字は世界的にEAN協会が管理していて、日本は49と45という２つの国コードが与えられています。

国コードに続く７桁の数字が「企業メーカーコード」です。事業者の申請を受け、流通システム開発センターが設定しています。続く「商品アイテムコード」は、001～999の範囲で事業者が任意で設定する３桁の数字です。

一般に、同じ規格の商品には同じバーコードをつけたうえで、価格設定を販売店ごとに行います。バーコードをスキャンしたときにその販売店のデータベースに照会するので、販売店によって価格を変えたり、日によって価格を変えたりすることができます。

末尾の「チェックデジット（CD）」は、読み取りエラーを防止するためにあります。他のコードとはちがい、計算方法を複合的に使って算出します。例えば、CD以外の12桁を右から見て奇数桁の和を３倍し、偶数桁の和

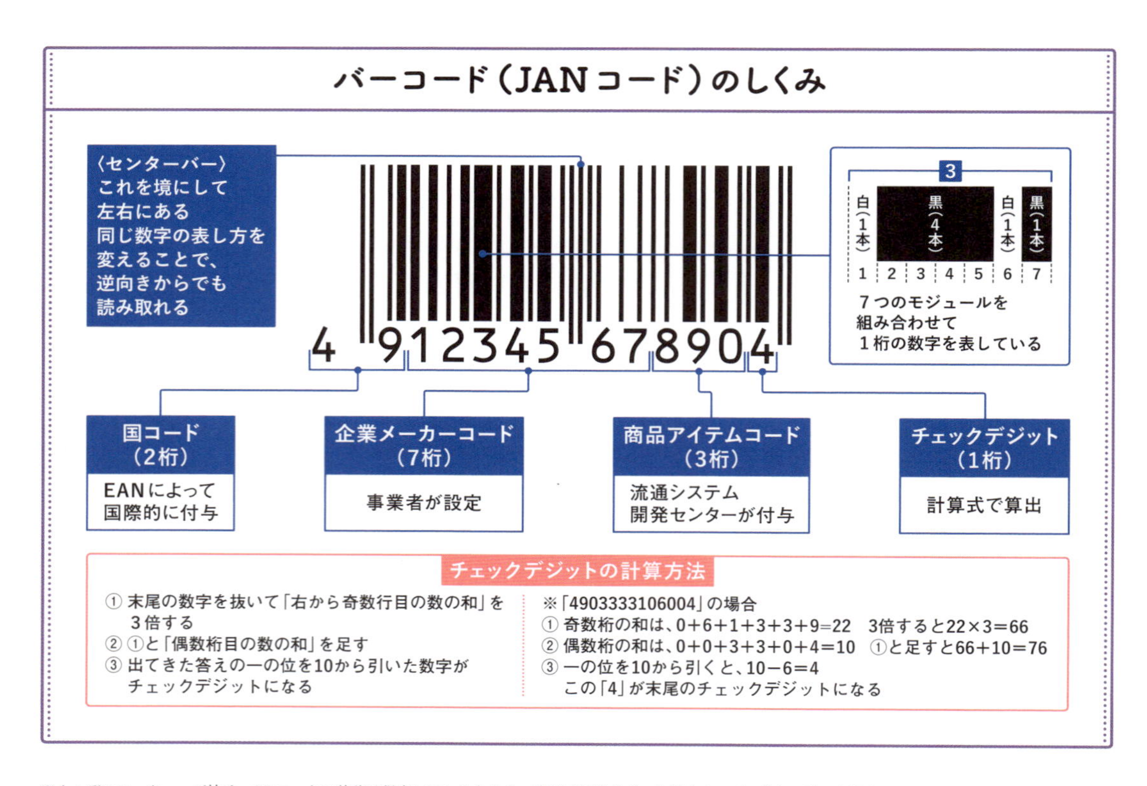

※１：デンソーウェーブ社は、QRコードの特許は保有しているものの、権利は行使せず、仕様をオープン化して誰でも使えるコードにしました。そのためコストがかからず、安心して使用できるコードとして、世界中で利用されるようになりました。

バーコードに勝るQRコードの特徴

1 情報量が圧倒的に多い

7089文字！

20桁…

2 汚れや破損があっても復元できる

問題なし！

ダメです…

3 小面積で表示できる

バーコードの10分の1程度でOK！

面積が必要…

を足す。その答えの1の位を10から引いた数字をCDに設定する、といった計算方法です。

バーコードは光で情報を読み取っています。基本的には、赤色LEDなどの光を当てて、黒い線（モジュール）と白い線を読み取り、0と1のデジタル信号に変換しています。

このしくみのおかげで、**逆さまのバーコードでも問題なく読み取れます。**中央のセンターバーを境にして右と左に分割し、その左右で、同じ数字の表し方（黒モジュールと白モジュールの7つの組み合わせ方）を変えているからです。例えば、同じ「9」でも左側にあれば「0001011」、右側にあれば「0010111」といった異なる電気信号に変換されるので区別がつく、というわけです。

QRコードは「バーコードの進化形」

QRコード（Quick Responseコード）はデンソーウェーブという日本の会社が1994年に開発したコードで、**高速読み取りを重視した「バーコードの進化形」**です。とくに携帯電話のカメラで読み取りが可能になったことで一気に普及しました※1。現在は、さまざまな場面で使われています。なお、QRコードは誰でもつくることが可能です。

「進化形」といえる理由は、バーコードにくらべて情報量が圧倒的に増えたこと、30%ほどが汚れたり破損したりしてもデータが修復できること、バーコードの10分の1程度の面積で表示できること、といった特徴です。

従来のバーコードで扱える情報量は20桁程度でした。それに対して、**QRコードは、1つのコードで最大7089文字（数字のみの場合）の大容量を実装可能**です。

データの修復は「誤り訂正機能」とよばれ、**コード自身でデータを復元する機能を搭載できます。**データを作成する人が、修復可能レベルを選択することも可能です。

Lesson_5 50 スマホはどうやってネットにつながるの？

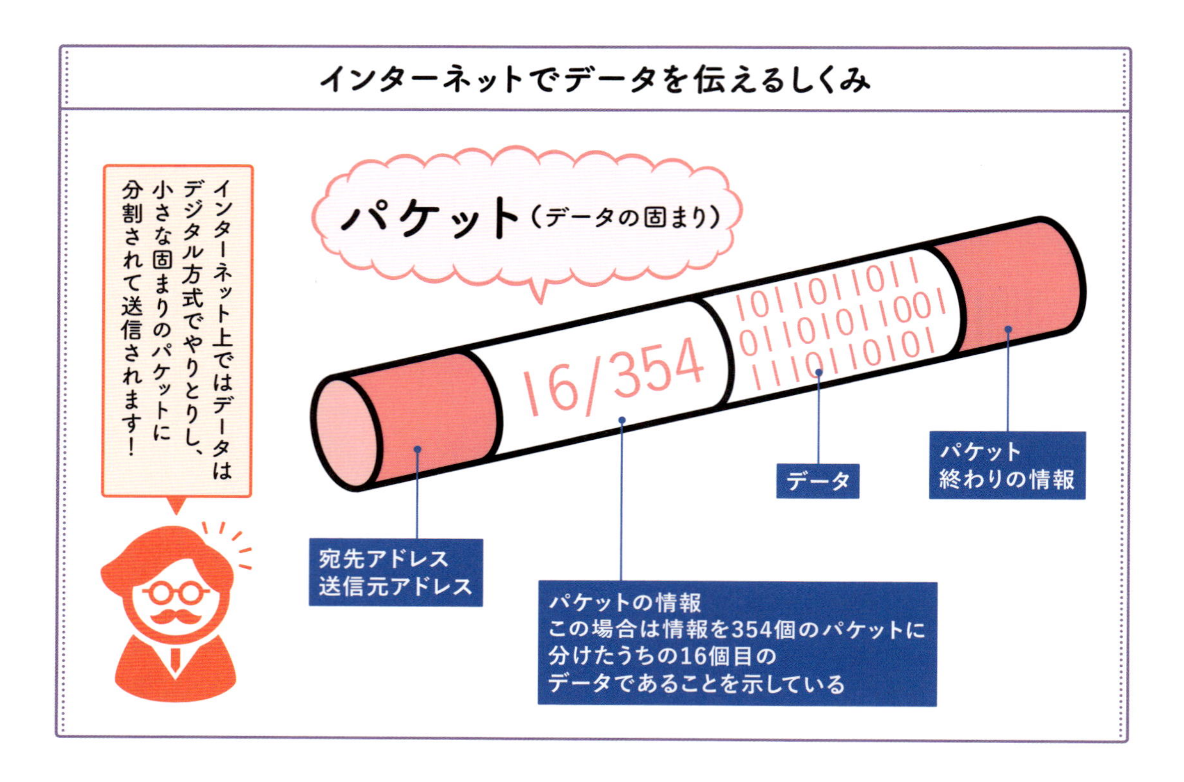

さまざまな情報機器を接続したネットワーク

インターネットは、企業や学校、家庭などのさまざまな情報機器を接続したネットワーク（LAN・ローカルエリアネットワーク）を世界規模でつないだものです。

情報のやりとりをするための通信プロトコル（共通の約束ごと）として、TCP/IP（ティーシーピー・アイピー）が使われています※1。一般的にIPを「アイピー」と読んでいますが、省略せずに読むと「インターネットプロトコル」となります。

インターネット上ではデータをデジタル方式でやりとりしており、**データは小さなパケット（データの固まり）に分割されて送信されます**※2。

１つ１つのパケットには「やりとりするデータ」に加えて、宛先と送信元のデータがついています。このため、バラバラに送られたパケットの一部が途中で通信エラーのため届かなかった場合でも、エラーが起きたパケットだけ送信をやり直すことができます。

家庭のパソコンやタブレットなどをインターネットに接続するには、一般的にインターネットプロバイダのサービスを利用して接続します。その際、データのやりとりは電話回線（ADSLなどもふくむ）や光回線を通して行うことになります。

ただし、電話回線ではアナログ信号、光回

※１：TCP/IPとは、Transmission Control Protocol（TCP）とInternet Protocol（IP）の略で、ネットワーク上での通信に関する規約を定めたもの。「通信規約」や「通信手順」と訳します。
※２：１パケットは128バイトで、日本語で64文字相当のデータ量です。

線では光信号を使ってデータを送信するため、パソコンから出てくるデジタル信号を変換しなければなりません。そこで、電話回線を使う場合には「デジタル信号とアナログ信号を変換する装置（モデム）」、光回線を使う場合には「デジタル信号と光信号を変換する装置（ONU）」が必要になります。

最近では家庭でもタブレットやパソコンなど複数の情報機器をインターネットに同時に接続する場合が多くなっています。

情報機器をインターネットに同時に接続するには、それぞれの機器にデータを振り分けてやりとりするルーターという装置が必要になります。最近では、ケーブルをつながずに、無線でパソコンやタブレットなどの複数の情報機器をつなぐ無線LANルーターが増えてきました。

最近の無線LANルーターはWi-Fi（ワイファイ）規格を満たすものがほとんどなので、無線LANのことをWi-Fiとよんでいます※3。

スマートフォンをネットにつなぐ2つの方法

スマートフォンをネットにつなぐ方法は、2つあります。

1つは、**携帯電話会社（キャリア）の無線基地局にアクセスして、インターネットにつなぐ**方法です。この方法でスマホをインターネットにつなぐと、画面の上の方に「3G」「4G」「LTE」などの表示が出ます。3GやLTEという表示は、モバイル通信の規格のことです。4GやLTE規格でつなぐと、3G規格の5倍から10倍のスピードで通信できます。

もう1つの方法は、先ほど紹介した**無線LANを経由してインターネットプロバイダにつなぐ**方法です。携帯電話会社の通信回線を使わないので、パケット通信費用がかかりません。また4GやLTE規格の4倍以上（無線LANから先の回線が十分速い場合）の通信速度で情報をやりとりできます。

キャリアの無線基地局かプロバイダ経由でつなぐ

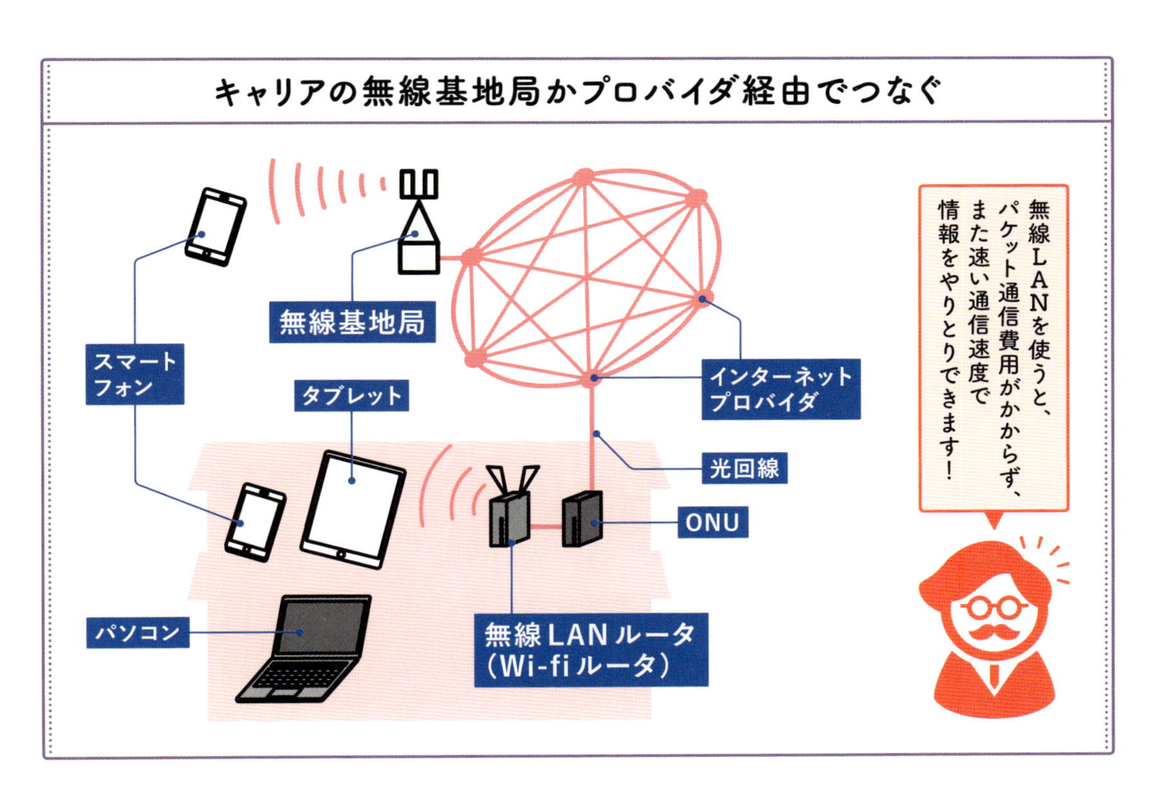

※3：Wi-Fiは無線LAN規格の1つで、米国の「Wi-Fi Alliance」という無線LAN製品の普及促進を図る団体に認証されたものをいいます。Wi-Fiは「Wireless Fidelity」の略とされています。

タッチパネルはどうやって指の動きを検知しているの？

タッチパネルは「透明金属」でつくる

指の位置を検知し、その動きでコンピュータを直接操作できる**「タッチパネル」には、透明な多数の電極が使用されています。**電極なので当然電気を通しています。ところが、電気を通す金属は、通常「光」を通しません※1。

光を通さなければ、ディスプレイの役割を果たせません。そこで考え出されたのが「透明金属」です。これは単体の金属ではなく、酸素との化合物である金属酸化物です。

最もよく使われているのが、酸化インジウムと少量のスズを混ぜたITO（酸化インジウムスズ）※2とよばれる透明金属で、薄くのばして固めると無色透明になるので、それを電極に使うことでタッチパネルができます。

タッチパネルで初期の頃からよく使われている**抵抗膜方式という方法は、プラスチック膜に透明金属をはりつけて2枚つくり、その間にドットスペーサーというプラスチック球を短冊状に並べてはさむ構造**になっています。構造が単純なので安価に製造できます。

最近のスマートフォンなどに多く利用されている**静電容量方式は、画面に並べた電極に指が近づくと、電極で電気量（静電容量）が変化して指の位置を割りだします。**この方法だと画面の透過率がよく美しいタッチディスプレイが実現し、複数の指の位置を検知する「マルチタッチ」も可能です。

タッチパネルの2つの方式

抵抗膜方式は構造が単純で安価に製造できますが、静電容量方式よりも耐久性は低くなります！

1 抵抗膜方式

透明電極Xつきフィルム
透明電極Yつきフィルム
指
透明電極Yつきフィルム
透明電極Xつきフィルム
ドットスペーサー
指で電極がついているフィルムを押すと、フィルムがへこんで電極が接触し、指の位置が検知できる

2 静電容量方式

指の持っている電気に電極が反応する
保護フィルム①
電極X
絶縁フィルム
電極Y
保護フィルム②

※1：金やアルミニウムなどを数十ナノメートルまで薄くすると、目で見える光がある程度通るようになりますが、金属の薄膜による電極は光の透過率があまり良くありません。
※2：ITO（Indium Tin Oxide）は、可視光の透過率が約90%に上るため、液晶パネルや有機ELなどのフラット・パネル・ディスプレイ向けの電極として多用されています。

Lesson_5
52

走っている電車の中でジャンプをするとどうなる？

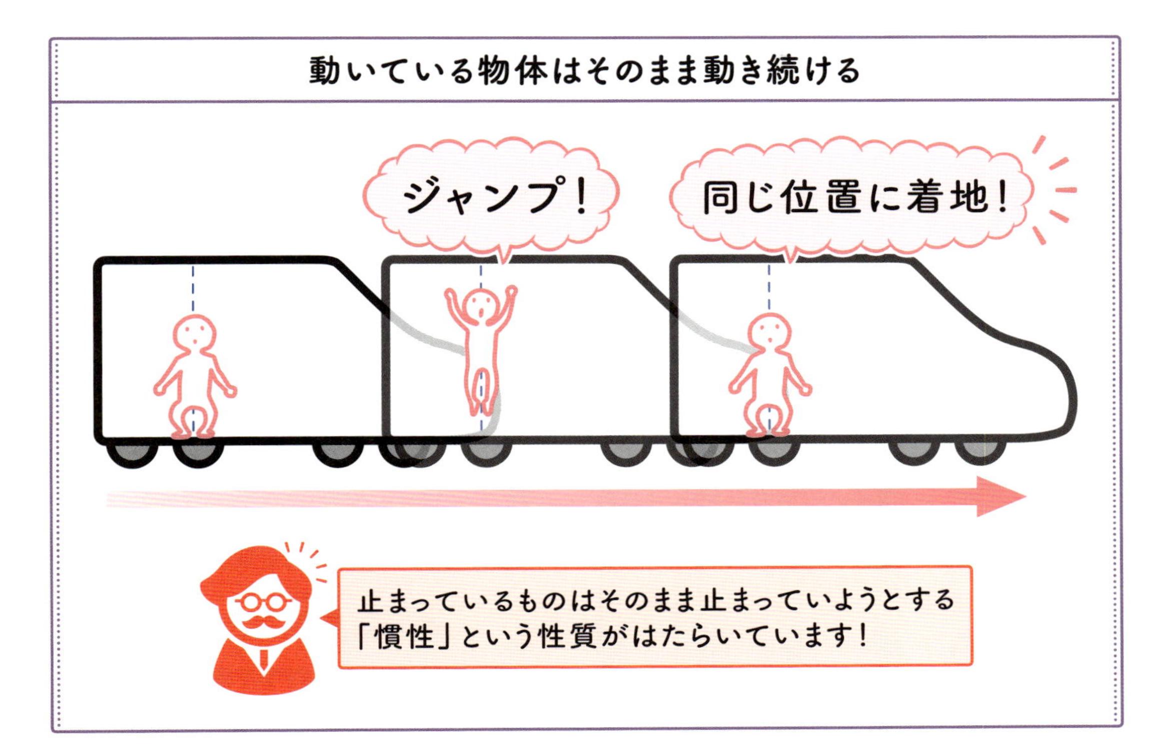

動いている物体は動き続け、止まっているものはそのまま

走っている電車の中でジャンプをすると、ジャンプをした人は後ろに置いていかれ、電車だけ先に進んでしまいそうに思います。ところが、実際は同じ場所に着地できます。

このことは、物体が持っている慣性という性質があることと大きく関係しています。**慣性とは、動いている物体はそのまま動き続けようとし、止まっているものはそのまま止まっていようとする性質をいいます**※1。

上図は、電車の外から見たときの、電車の中でジャンプをした人の動きです。**真上にジャンプをしたつもりでも、実際は慣性のはたらきによって、踏み切った瞬間も空中に浮かんでいるときも、電車が走るのと同じスピードで同じ方向に動いている**ことになります。そのため、ジャンプした人は結局、同じところに降りてくることになるのです。

例えば、新幹線であなたが50センチメートルの高さまでジャンプしたとしましょう。

ジャンプしてから着地するまでの時間は、約0.6秒です。新幹線の速さが時速300キロメートルだとしたら１秒間に約83メートル進むことになり、したがってジャンプしている0.6秒の間に、約50メートル進行方向へ移動したことになります。しかし実際にはその間に新幹線も同じ距離だけ進んでいるので、あなたは車内の同じところに着地します。

※１：物体は、この慣性を持っているので、外部から何の力もはたらかないか、力がはたらいてもたし算をして０ならば、静止状態を続けるか、一定の速度で運動を続けます。これを慣性の法則といいます。

Lesson_5
53

新幹線はなぜくちばしが伸びたアヒル顔なの？

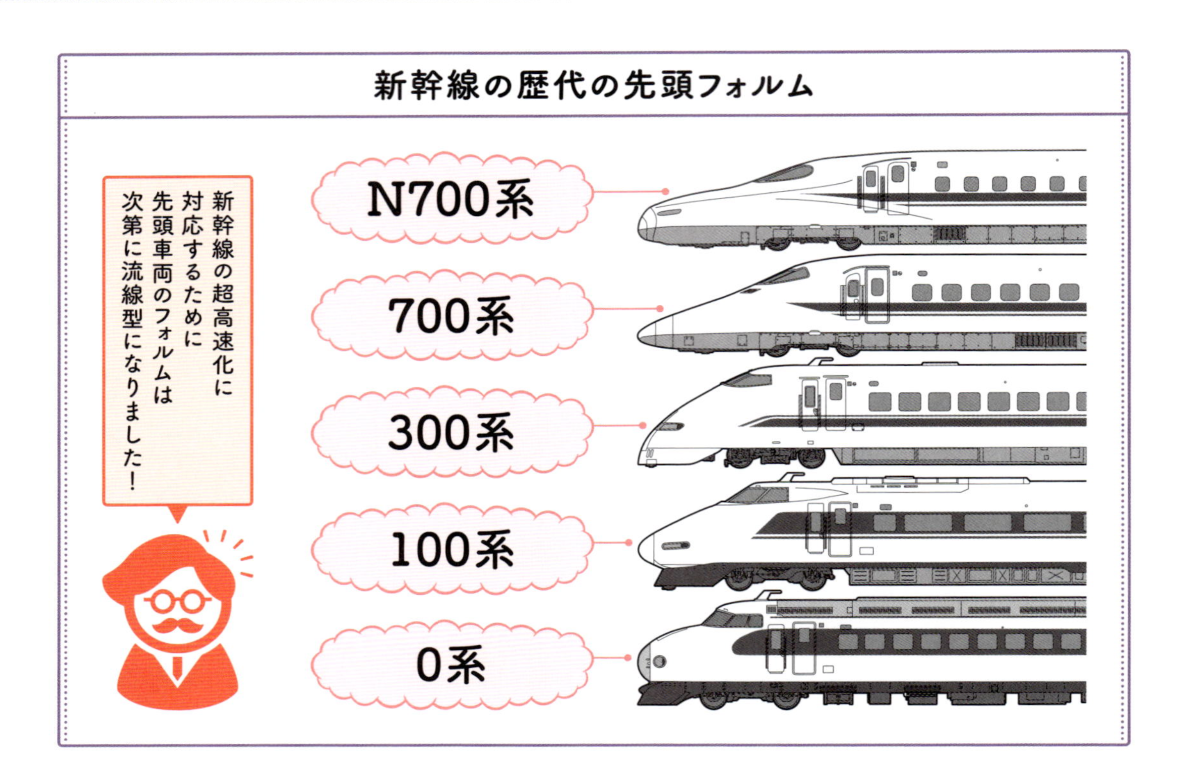

大きく変化してきた新幹線の先頭フォルム

1964年に東海道新幹線が開業して以来、さまざまな車両が登場しました。先頭のフォルムも大きく変わってきました。

東京一大阪間が現在では２時間半で結ばれるように、新幹線は超高速化の道をたどってきました。その**超高速化に対応するために、先頭のフォルムは、初代０系の団子鼻から次第に流線型を採用するようになりました。**

日本は国土の約70％が山岳地帯で、トンネルの数が多いのが特徴です。時速300キロメートルにも達する新幹線がトンネルに突入するとトンネル内の空気を圧縮し、出口で「ドーン」と大きな音と衝撃波を発生させます。

これを解決したのが、**カワセミのくちばしのような500系**でした。流線型の極みのような長い形状は、カワセミが捕食のために水面にダイブする様子がヒントになったといわれています。

一連の問題を解決したアヒルの顔の救世主

しかし、500系は客室の天井高が低くなって圧迫感がある、乗降できない車両があるなどの問題もありました。さらに、トンネル内で気流の乱れにより車体後方が振られるという300系以来の課題も未解決のままでした。

※１：エアロストリームは西日本の「レールスター」でも採用されています。

微気圧波による「トンネルドン」、客席の空間確保、気流で車両後方が振られるといった新幹線が抱えた一連の問題を解決したのが、700系の先頭フォルムでした。くちばしを伸ばしたアヒルの顔のように見えますね。

正式名称は「エアロストリーム」とよばれます。500系より短い形状ですが、500系と同じ楔形の構造（先頭から後方にかけて断面積が一定の割合で増える）を採用しています。**空気の流れを上・右・左３方向に逃がすことで、微気圧波による「トンネルドン」や、車両後方が振られる問題を解決しました。**さらに、極端な流線型ではないため客席のスペースを十分確保することもできました※1。

エアロストリームは、最高速度を時速285キロメートルにおさえることを前提に、先頭部分を短くしていました。そこで、スピードを速めるべく登場したのが、後続のN700系です。**N700系は、先頭部分が700系より1.5メートル長く、鳥が翼を広げたように見え、「エアロ・ダブルウィング」とよばれます**※2。

性能面で向上した点は、先端側の断面積の増加割合を上げ、その分、後方の増加割合を下げたことで微気圧波がさらに軽減されたことです。しかも、車両に荷物を積めるスペースが増え、運転席から先頭までの距離が縮まって視野がクリアになりました。

サイエンス Column

さらなる性能向上を続けるN700系

N700系は上記のほかにも、ハイブリッドカーの「回生ブレーキ」のしくみを利用してブレーキ時に発電する省エネ技術や、空気バネを使ってカーブで車体をわずかに1度傾かせながら最高速度で走行できる「車体傾斜システム」が採用されるなど、さらなる性能の向上に余念がありません。

今後も新たな技術革新が期待されます。

700系で採用されたエアロストリーム

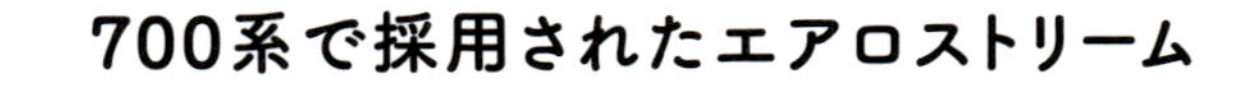

このエアロストリームは最高速度を時速285キロメートルにおさえることを前提に、先頭部分を短くしていました！

※2：エアロ・ダブルウィングは、通産省の「グッド・デザイン賞」と鉄道友の会の「ブルーリボン賞」をダブル受賞しました。

Lesson_5
54
飛行機はなぜ空を飛べるの？

飛行機が浮く力は空気からもらっている

水平に一定の速さで直線飛行を続けている飛行機を想定してみましょう。

鉛直方向※1では、この飛行機に働く地球の重力と翼など機体に働く揚力（浮く力）はつり合っています。**重力とつり合う上向きの揚力があるから浮いていられる**のです。

また、水平方向では、飛行機のエンジンで前に進む力（推力）と、機体が空気から受ける抵抗力はつり合っています。水平方向では前向きの推力と後ろ向きの空気の抵抗力がつり合って、２つを足した合力は０になっています。それによって、一定の速度で一直線に進む（等速直線運動をしている）のです。

旅客機のエンジンの最大推力は機体重量の４分の１程度で、ロケットのように真上を向いても浮き上がれません。飛行機に上向きに働く揚力はどこから得ているのでしょうか。

私たちが泳ぐときのことを考えてみましょう。泳いで前に進むとき、手で水をかいて、水を後ろに押しますね。後ろに押した水の量が多いほど早く進むことができます。

これと同じようなことが、飛行機の主翼で発生します。翼を通りすぎる空気は、流れの向きを下向きに変えます。空気が翼によって下向きに押され、逆に、翼は上向きに押されます。この上向きの力が翼に働く揚力です。

軽い空気が重い飛行機を支えることができ

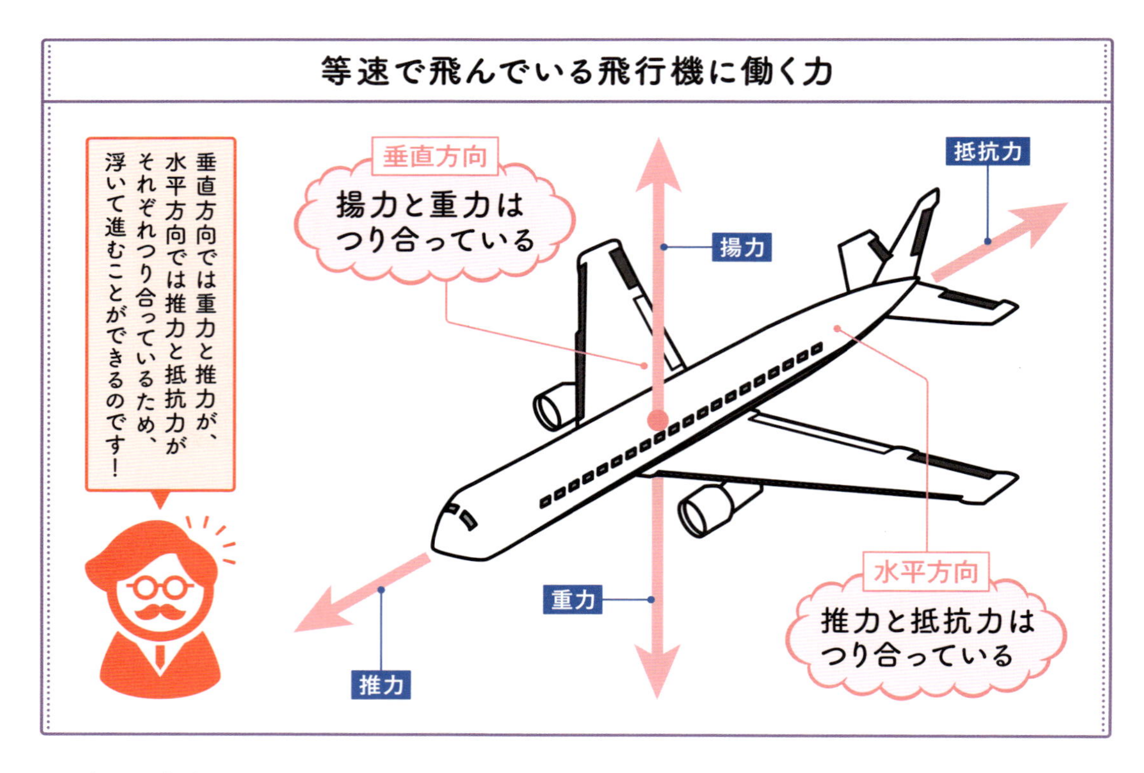

※１：糸に鉛のおもりをつけてぶらさげると地球の中心方向に向きます。この「上下方向」「水平面に垂直な方向」のことを「鉛直方向」といいます。

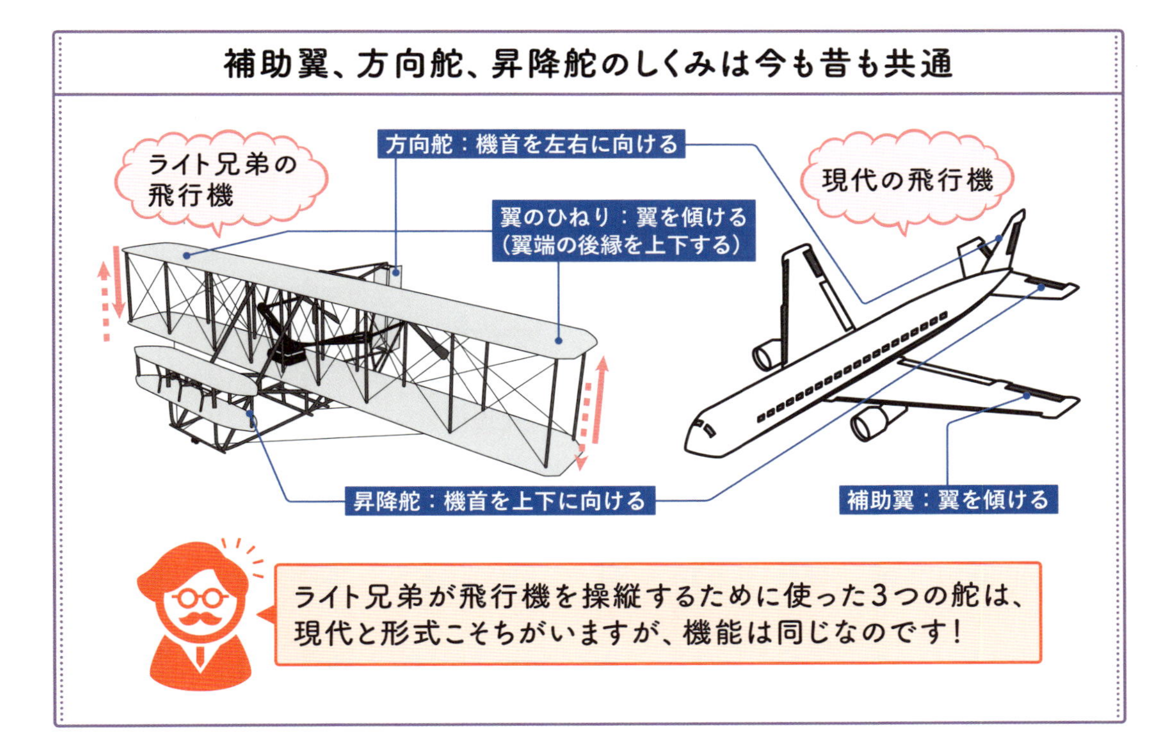

るのだろうか、と不思議に思うかもしれませんね。**飛行機は速度が速いために、通りすぎる空気の量が非常に多く、10トンを超える飛行機を浮かす揚力が発生する**というわけです。

向きを変えるしくみは100年以上前の技術と同じ

ところで、まっすぐ飛ぶだけでは飛行機は目的地にたどり着けません。飛行機はどのようにして向きを変えているのでしょうか。

1903年12月17日※2、ライト兄弟は世界で初めて人が乗る飛行機を飛ばすことに成功しました。飛行機を旋回させて離陸地点に戻る周回飛行ができれば、実用的な飛行技術が完成したとみなせます。

ライト兄弟は、旋回するためには翼を傾けなければならないことに気づきました。翼をひねることで旋回する方法を発明し、それを特許にしました。

ライト兄弟は飛行機を操縦するために３つの舵を使いました。舵の形式はちがうとはいえ、この３つの舵とその機能は現代の旅客機も同じです。**現在の飛行機もライトフライヤーと同じように、翼を傾ける補助翼、機体の向きを左右に動かす方向舵、機首を上下に動かす昇降舵が使われている**のです。

サイエンス Column

補助翼がライト兄弟の翼をねじる方式に代わる

ライト兄弟は1905年10月５日に39分間、同じ場所を30回周回し、総飛行距離39キロメートルを記録しました。

この後、ライト兄弟の特許を回避する目的もあって、現在の形の補助翼が開発されました。特許訴訟はライト兄弟が勝利しましたが、補助翼がライト兄弟の翼をひねる方式にとって代わりました。

※２：このことにちなんで、12月17日は「飛行機の日」になりました。

Lesson_5
55

エコカーの「エコ」のしくみはどうなっているの？

メイン動力をエンジンとするハイブリッドカー

環境に優しくて燃費がいいエコカーが売れています。ハイブリッドカー、プラグインハイブリッドカー、電気自動車、燃料電池車と種類もさまざまですが、どんなちがいがあるのでしょうか。

• ハイブリッドカー（HV）

「ハイブリッド」とは日本語で「組み合わせる」という意味です。**ハイブリッドカーは、エンジンとモーターを走行状況に応じて使い分けたり、同時に使ったりして燃費を向上させています。**

モーターは電気で動くので、加速するときのガソリン消費をおさえることができます。一方で高速道路など一定速度で走行できる道では、大きなバッテリーとモーターの重量が負担になって燃費が悪くなる傾向があります。

それでも電気を使うことがメリットになるのは、**信号待ちなどで停止と発進（ストップ＆ゴー）を繰り返すたびに発電する回生ブレーキという技術が採用されている**からです。

回生ブレーキは、運転手がアクセルを離した直後に、タイヤの回転する動力を利用してモーターが発電するしくみです。これは、自転車の前輪についている発電機と同じ原理です[※1]。日本は欧米に比べて信号が多く、ストップ＆ゴーがどうしても多くなるために、回生ブレーキの開発が重要だったのです。

• プラグインハイブリッドカー（PHEV）

プラグインハイブリッドカーは、家庭用コンセントから直接充電できて**電気で走行することはもちろん、ガソリンによる走行も可能**です。その最大の特徴は、屋外で家庭と同じように電気が使える点です。

電気残量がゼロになったらエンジンをかけて発電できるので、ガソリン満タンでおよそ10日分の非常用電源になります。屋外でのレジャーはもちろん、ライフラインが途絶えた災害時でも活躍が期待されます。

エネルギー源が電気や電池の車はモーターで動く

• 電気自動車（EV）

電気自動車は、**ガソリンを一切使わず電気の力だけで走行する**ことができます。しかし、今のところ高価なニッケルやリチウムでできたバッテリーを搭載しているために、車体価格がどうしても高くなってしまいます。

１回のフル充電で走行できる距離は約200～400キロメートルと短めで注意が必要です。

• 燃料電池車（FCV）

燃料電池車は、**水素と酸素の化学反応で電気をつくる燃料電池を搭載した車**です。燃料電池は電池というより、むしろ発電装置です。

必要な燃料は水素だけで、酸素は空気中のものを利用します。水素は水素ステーションで補給します。**水素と酸素で発電し、走行時に排出するものは水だけ**ですから、非常に環境に優しい自動車といえます。

ただし、燃料となる水素の安価な製造や安全で安価な運搬の技術、街中に水素ステーションを整備するインフラの問題などを解決していく必要があります[※2]。

※１：電池式ではなく、タイヤの回転で発電するタイプです。

自動車の動力とエネルギー源

ハイブリッドカー

メイン動力
エンジン

エネルギー源
ガソリン

ガソリンエンジンと電気によるモーターの2つの動力源を持ち、走行状況に応じて併用する

●代表車種例
トヨタ／プリウス

プラグインハイブリッドカー

メイン動力
モーター・エンジン

エネルギー源
電気・ガソリン

モーターとエンジンの効率のよい方式を使用し、単独では足りない場合、補助しながら双方で動力を発生する

●代表車種例
トヨタ／プリウスPHV

電気自動車

メイン動力
モーター

エネルギー源
電気

エンジンの代わりに、モーターと制御装置を搭載。バッテリーに蓄えた電気で走行する

●代表車種例
日産／リーフ

燃料電池車

メイン動力
モーター

エネルギー源
酸素・水素

水素と酸素の化学反応によって発生した電気エネルギーを使いモーターを駆動させて走行する

●代表車種例
トヨタ／ミライ

ガソリンエンジンの普通自動車とのちがいをよく知って、それぞれのメリット、デメリットを把握してください！

※代表車種例の情報は2018年6月時点のものです

※2：水素は空気中に体積で4%～75%混ざっているときに点火すると爆発します。
ですから空気中に水素が4%～75%にならないようにすれば爆発は起こりません。

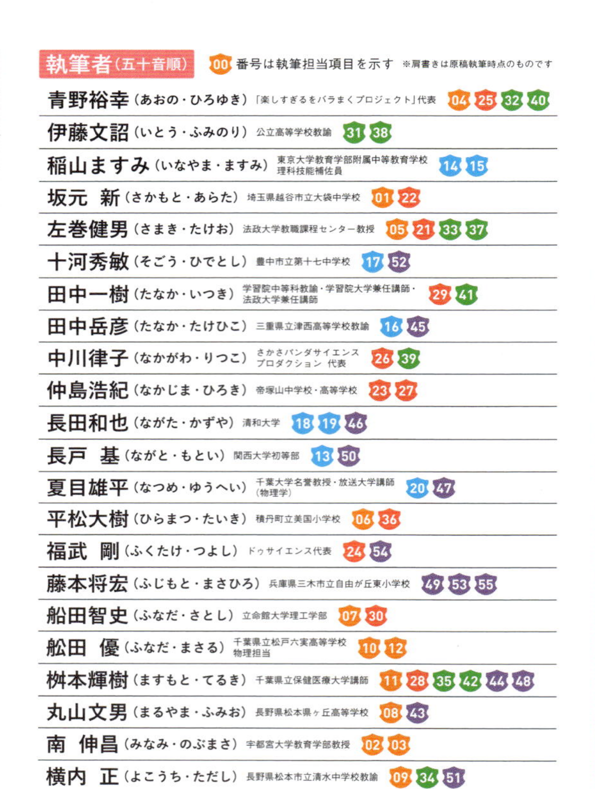

執筆者（五十音順）　00 番号は執筆担当項目を示す　※肩書きは原稿執筆時点のものです

青野裕幸（あおの・ひろゆき）「楽しすぎるをバラまくプロジェクト」代表　04 25 32 40
伊藤文詔（いとう・ふみのり）公立高等学校教諭　31 38
稲山ますみ（いなやま・ますみ）東京大学教育学部附属中等教育学校 理科技能補佐員　14 15
坂元　新（さかもと・あらた）埼玉県越谷市立大袋中学校　01 22
左巻健男（さまき・たけお）法政大学教職課程センター教授　05 21 33 37
十河秀敏（そごう・ひでとし）豊中市立第十七中学校　17 52
田中一樹（たなか・いつき）学習院中等科教諭・学習院大学兼任講師・法政大学兼任講師　29 41
田中岳彦（たなか・たけひこ）三重県立津西高等学校教諭　16 45
中川律子（なかがわ・りつこ）さかさパンダサイエンスプロダクション 代表　26 39
仲島浩紀（なかじま・ひろき）帝塚山中学校・高等学校　23 27
長田和也（ながた・かずや）清和大学　18 19 46
長戸　基（ながと・もとい）関西大学初等部　13 50
夏目雄平（なつめ・ゆうへい）千葉大学名誉教授・放送大学講師（物理学）　20 47
平松大樹（ひらまつ・たいき）積丹町立美国小学校　06 36
福武　剛（ふくたけ・つよし）ドゥサイエンス代表　24 54
藤本将宏（ふじもと・まさひろ）兵庫県三木市立自由が丘東小学校　49 53 55
船田智史（ふなだ・さとし）立命館大学理工学部　07 30
舩田　優（ふなだ・まさる）千葉県立松戸六実高等学校 物理担当　10 12
桝本輝樹（ますもと・てるき）千葉県立保健医療大学講師　11 28 35 42 44 48
丸山文男（まるやま・ふみお）長野県松本県ヶ丘高等学校　08 43
南　伸昌（みなみ・のぶまさ）宇都宮大学教育学部教授　02 03
横内　正（よこうち・ただし）長野県松本市立清水中学校教諭　09 34 51

編著者略歴

左巻健男（さまき・たけお）

法政大学教職課程センター教授。専門は、理科・科学教育、環境教育。

1949年栃木県小山市生まれ。千葉大学教育学部卒業（物理化学教室）、東京学芸大学大学院教育学研究科修了（物理化学講座）、東京大学教育学部附属高等学校（現：東京大学教育学部附属中等教育学校）教諭、京都工芸繊維大学教授、同志社女子大学教授等を経て現職。

『理科の探検（RikaTan）』誌編集長。中学校理科教科書編集委員・執筆者（東京書籍）。

著書に、『暮らしのなかのニセ科学』（平凡社新書）、『面白くて眠れなくなる物理』『面白くて眠れなくなる化学』『面白くて眠れなくなる地学』『面白くて眠れなくなる理科』『面白くて眠れなくなる元素』『面白くて眠れなくなる人類進化』（以上、PHP研究所）、『話したくなる！つかえる物理』（明日香出版社）ほか多数。

本書の内容に関するお問い合わせ
明日香出版社　編集部
☎(03) 5395-7651

〈超・図解〉身近にあふれる「科学」が3時間でわかる本

2018年 7月 30日　初 版 発 行

編著者　左巻健男
発行者　石野栄一

明日香出版社

〒112-0005 東京都文京区水道 2-11-5
電話 (03) 5395-7650（代 表）
(03) 5395-7654（FAX）
郵便振替 00150-6-183481
http://www.asuka-g.co.jp

■スタッフ■　編集　小林勝／久松圭祐／古川創一／藤田知子／田中裕也
営業　渡辺久夫／浜田充弘／奥本達哉／野口優／横尾一樹／関山美保子／藤本さやか
財務　早川朋子

印刷・製本　株式会社フクイン
ISBN 978-4-7569-1981-6 C0040

編集担当　田中裕也